实验一

LD，LED 光源特性测试

【实验目的】

（1）了解半导体激光器的基本工作原理，掌握其使用方法。

（2）学习测量 LD 半导体激光器电压－电流（$V-I$）特性曲线的方法。

（3）熟悉 LED 正向伏安特性。

（4）掌握 LED 基本特性的测试方法。

（5）熟悉 LED 反向伏安特性。

（6）掌握 LED 反向伏安的测试方法。

（7）熟悉 LED 的角度特性。

（8）掌握 LED 角度特性测试方法。

（9）熟悉 LED 的光谱特性。

（10）掌握 LED 光谱特性的测试方法。

（11）了解 LED 时间特性。

（12）掌握 LED 的时间响应特性测试方法。

【实验内容】

（1）测试 LD 半导体激光器电压－电流（$V-I$）特性曲线。

（2）LED 正向伏安特性测试。

（3）LED 正向压降测试。

（4）LED 反向伏安特性测试。

（5）LED 反向击穿电压测试。

（6）LED 强度的空间分布测试。

（7）LED 半最大强度角及偏差角测试。

（8）LED 光谱特性测试。

(9) LED 时间响应特性测试。

【实验仪器】

(1) 实验平台（一台）；
(2) 连接导线（若干）；
(3) LED 结构件（一个）；
(4) 插件 LED（若干）；
(5) 示波器（一台）；
(6) 光照度探测器（一个）；
(7) LED 特性测试模块（一套）；
(8) 电子器件模块一（一块）。

【实验原理】

1. LD 的 $V-I$ 特性

LD 和普通二极管一样都是半导体光电子器件，其核心部分都是 PN 结。因此 LD 也具有与普通二极管相类似的 $V-I$ 特性曲线，如图 1-1 所示。其测量方法如图 1-2 所示，由 $V-I$ 曲线我们可以计算出 LD 总的串联电阻 R 和开门电压 V_T。

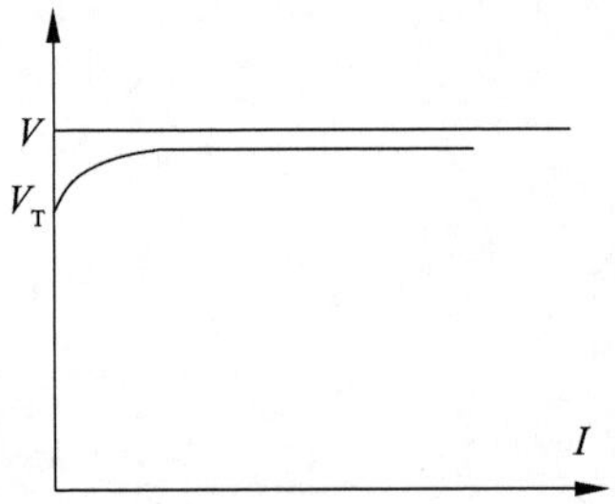

图 1-1　LD 的 $V-I$ 特性曲线

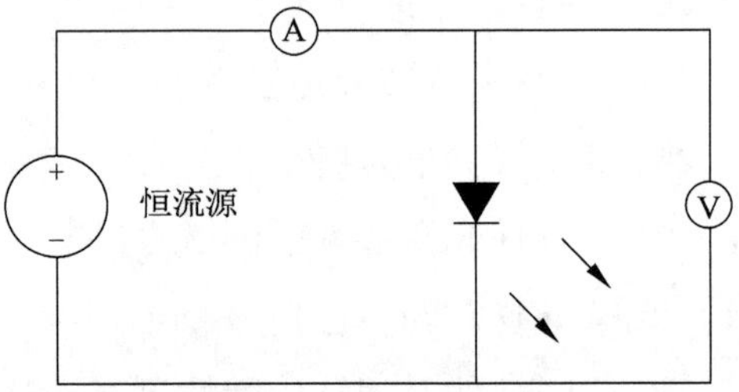

图 1-2　LD 的 $V-I$ 特性曲线测量电路

2. LED 发光原理

图 1-3 为发光二极管结构图。发光二极管是由Ⅲ－Ⅳ族化合物，如 GaAs（砷化镓）、GaP（磷化镓）、GaAsP（磷砷化镓）等半导体制成，其核心是 PN 结。因此它具有一般 PN 结的 I－N 特性，即正向导通，反向截止、击穿特性。此外，在一定条件下，它还具有发光特性。在正向电压下，电子由 N 区注入 P 区，空穴由 P 区注入 N 区。进入对方区域的少数载流子（少子）一部分与多数载流子（多子）复合而发光。假设发光是在 P 区中发生的，那么注入的电子与价带空穴直接复合而发光，或者先被发光中心捕获后，再与空穴复合发光。发光的复合量相对于非发光复合量的比例越大，光量子效率越高。由于复合是在少子扩散区内发生的，所以光仅在靠近 PN 结面数微米以内产生。理论和实践证明，

电子电气信息类专业系列教材

<<<<<

>>>>

刘罡　王伟　主编

光电技术实践教程

江苏大学出版社
JIANGSU UNIVERSITY PRESS
镇　江

>>>>

图书在版编目(CIP)数据

光电技术实践教程 / 刘罡，王伟主编. — 镇江 ：江苏大学出版社，2021.2
ISBN 978-7-5684-1515-6

Ⅰ. ①光… Ⅱ. ①刘… ②王… Ⅲ. ①光电子技术—高等学校—教材 Ⅳ. ①TN2

中国版本图书馆 CIP 数据核字(2021)第 025706 号

光电技术实践教程
Guang Dian Jishu Shijian Jiaocheng

主　　编/刘　罡　王　伟
责任编辑/李经晶
出版发行/江苏大学出版社
地　　址/江苏省镇江市梦溪园巷 30 号(邮编：212003)
电　　话/0511-84446464(传真)
网　　址/http://press.ujs.edu.cn
排　　版/镇江市江东印刷有限责任公司
印　　刷/江苏凤凰数码印务有限公司
开　　本/787 mm×1 092 mm　1/16
印　　张/11
字　　数/235 千字
版　　次/2021 年 2 月第 1 版
印　　次/2021 年 2 月第 1 次印刷
书　　号/ISBN 978-7-5684-1515-6
定　　价/42.00 元

如有印装质量问题请与本社营销部联系(电话:0511-84440882)

前　言

参照教育部高等学校教学指导委员会的《普通高等学校本科专业类教学质量国家标准》（高等教育出版社，2018），结合目前电磁波与光学课程教学的基本要求，编写了《光电技术实践教程》。

目前光电技术发展迅速，无论是从学科发展方面还是从社会需求方面，加强光电技术实验课程建设都有着重要的意义。

如何设计与光电技术课程教学相适应的实验课程是一项具有挑战性的任务，目前这一类型的课程在国内外同类专业教学中没有统一的标准。为了保证课程质量，同时确保课程的可实施性，在课程建设中我们本着“注重理论基础，突出实践特色”的原则来设计实验内容。

光电技术教程在整个专业实践技能的培养中起到了承上启下的作用，通过本实验课程的学习，学生在强化一些基本实践技能的基础上，可以更好地适应后续更深层次的实践课程的学习。

本教材是大学本科电磁波与光学课程的实验指导用书，主要目的是：在学生已经具备基本的专业基础知识的情况下，通过实验内容，加深对相关知识的理解，并让学生掌握一些基本的实践技能。

为了实现课程目标，在课程内容的设置上遵循了以下原则：

注重理论基础　实验内容涵盖课程的主要核心内容，每一章的实验内容前都增加了基础知识，并力图通过实验内容加深学生对专业知识的理解。

突出实践特色　理论与实践相结合，在实践中体现学科特色，让学生通过本课程掌握基本的实践技能，为今后进入各个专业方向的后续课程学习打下良好的基础。

本教材由刘罡统稿和定稿，共分为 17 个实验，其中，实验一至实验十一由刘罡负责编写，实验十二至实验十七由王伟负责编写。

本书在编写过程中，参阅了大量专业文献，郁从瑞、王梦娇和陈志伟三位同学参与了校对工作，郭业才教授提供了许多宝贵意见。

本书的出版得到了 2019 年江苏高校一流专业（电子信息工程，No. 289）建设项目、2019 年无锡市信息技术（物联网）扶持资金（第三批）扶持项目暨高等院校物联网专业新设奖励项目（通信工程，No. D51）、2020年无锡信息产业（集成电路）扶持基金（高等学校集成电路专业新设奖励）项目（含电子信息工程、光电信息科学与工程、电子科学与技术专业）的大力支持。在此表示衷心感谢！

由于作者水平有限，书中难免会有一些不足之处，恳请读者提出宝贵意见。

刘罡　王伟

2020年9月

目　录

光的峰值波长 λ 与发光区域的半导体材料禁带宽度 E_g 有关，即

$$\lambda \approx 1240/E_g \text{（nm）} \tag{1-1}$$

式中，E_g 的单位为电子伏特，eV。若能产生可见光（波长为 380 nm 紫光～780 nm 红光），半导体材料的 E_g 应在 3. 26～1. 63 eV。

LED 的 $I-V$ 特性具有非线性、整流性质：单向导电性，即外加正偏压表现为低接触电阻，反之表现为高接触电阻。LED 的 $I-V$ 曲线如图 1-4 所示，图中两条曲线分别表示不同材料的 LED 的 $I-V$ 特征。

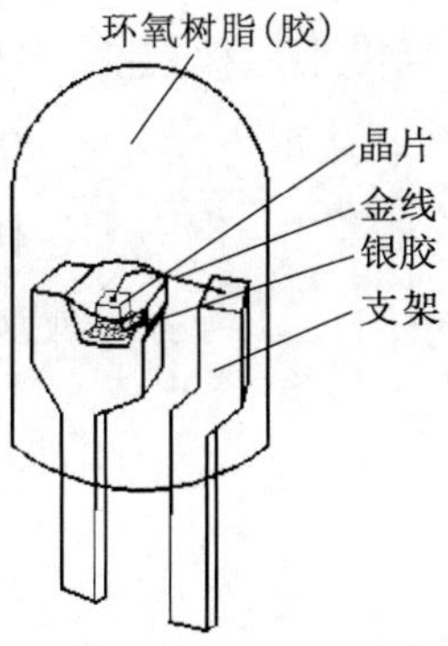

图 1-3　发光二极管结构图

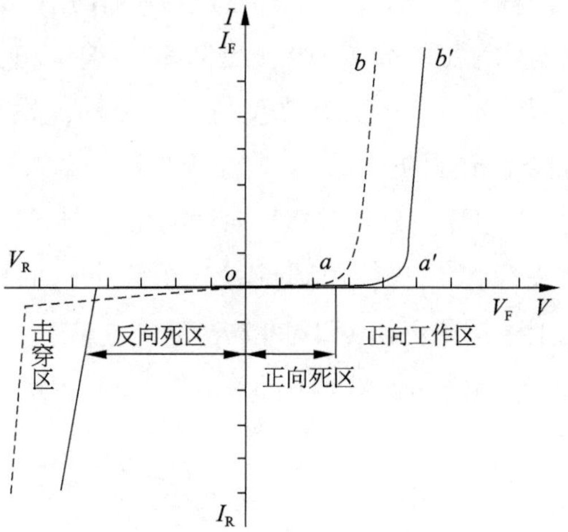

图 1-4　LED 的 $I-V$ 曲线

（1）正向死区：图 oa 段或 oa'段。a 点对应的电压 V_a 为开启电压，当 $V<V_a$，外加电场因克服不了载流子扩散而形成势垒电场，此时 R 很大。

（2）正向工作区：电流 I_F 与外加电压呈指数关系：$I_F=I_S\left[\exp\left(qV_F/KT\right)-1\right]$，式中，$I_S$ 为反向饱和电流。$V>0$ 时，$V>V_F$ 的正向工作区 I_F 随 V_F 呈指数上升：$I_F=I_S \cdot \exp\left(\frac{qV_F}{KT}\right)$。

（3）反向死区：$V<0$ 时，PN 结加反偏压 $V=-V_R$ 时，反向漏电流 I_R（$V=-5$ V）时，GaP 为 0 V，GaN 为 10 μA。

（4）反向击穿区：$V<-V_R$，V_R 称为反向击穿电压；V_R 电压对应的 I_R 为反向漏电流。当反向偏压一直增加使 $V<-V_R$ 时，则出现 I_R 突然增加而出现击穿现象。由于所用化合物材料种类不同，各种 LED 的反向击穿电压 V_R 也不同。

3. LED 的反向特性

反向特性测试方法与正向特性测试方法类似，但是两者间有差异。通常对于不同 LED，其开启电压值不同，GaAs 为 1 V，红色 GaAsP 为 1. 2 V，GaP 为 1. 8 V，GaN 为 2. 5 V，电压值均较小；而对于反向特性，一般 LED 的反向电压均较大，约为几十伏左右，

对于普通的电流源无法进行测试，因此需采用稳压源进行测试。本测试过程中，稳压源采用0～200 V电压源，同时为防止LED反向击穿，须连接限流电阻进行保护。

4. LED的角度特性

发光二极管有红外（非可见）与可见光两个系列，前者可用辐射度、后者可用光度学来量度其光学特性。不同的LED有着不同的角度特性，特别是不同封装的LED，其角度特性更是各有差异。根据不同的应用要求及角度特性，LED种类可分为普通型、指向型、发散型等。发光强度（法向光强）是表征发光器件发光强弱的重要性能。LED大量应用的要求是圆柱、圆球封装，由于凸透镜的作用，故都具有很强指向性：位于法向方向光强最大，其与水平面交角为90°。当偏离正法向不同θ角度时，光强也随之变化。发光强度随着不同封装形状而变化，强度依赖角方向。发光强度的角分布I_θ是描述LED发光在空间各个方向上光强的分布的。它主要取决于封装的工艺（包括支架、模粒头、环氧树脂中添加散射剂与否）。为获得高指向性的角分布（图1-5）可采取如下方案：① LED管芯位置离模粒头远些；② 使用圆锥状（子弹头）的模粒头；③ 封装的环氧树脂中勿加散射剂。采取上述措施可使LED的$2\theta_{1/2}=6°$左右，大大提高了指向性。当前几种常用封装的散射角（$2\theta_{1/2}$角）圆形LED：5°，10°，30°，45°。

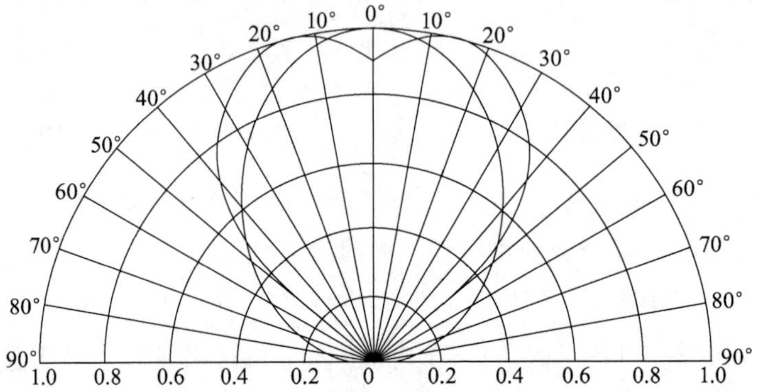

图1-5 LED的角度特性

角度特性测试方案如图1-6所示。

测试结构图如图1-6所示，电流源可采用（0～20 mA）电流源，通过图1-6中的精密旋转台可以使LED旋转一定的角度。通过探测器PD可以测量出LED在一定电流驱动条件下的不同角度的光强。通过角度与光强的关系可以分析LED的角度特性。

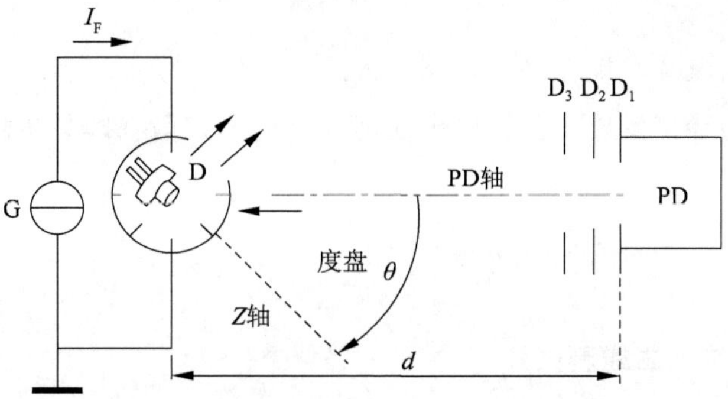

D—被测 LED 器件；G—电流源；PD—包括面积为 A 的光阑 D_1 的光度探测器；
d—被测 LED 器件与光阑 D_1 之间的距离；θ—z 轴和探测器轴之间的夹角

图 1-6　角度特性测试框图

5. LED 的光谱特性

LED 的光谱特性参数主要包括峰值发射波长、光谱辐射带宽和光谱功率分布等。单色 LED 的光谱为单一波峰，特性以峰值波长和带宽表示，而白光 LED 的光谱由多种单色光谱合成。所有 LED 的光谱特性都可由光谱功率分布表示，而由 LED 的光谱功率分布还可计算得到色度参数。光谱功率分布的测试需要通过分光进行，将各色光从混合的光中区分出来进行测定，本实验通过不同颜色的滤色片实现。光颜色波长关系见表 1-1。

表 1-1　光的颜色与波长关系

光的颜色	波长 λ 的大致范围/μm
红色	0. 76 ~ 0. 63
橙色	0. 63 ~ 0. 60
黄色	0. 60 ~ 0. 57
绿色	0. 57 ~ 0. 50
青色	0. 50 ~ 0. 45
蓝色	0. 45 ~ 0. 43
紫色	0. 43 ~ 0. 38

6. LED 响应时间

LED 响应时间为上电时间 T_2 与探测器接收到光信号的时间差，将探测器接收到 LED 发出的光信号强度的 90% 作为测量时间 T_1，定义 LED 响应时间为 $T = T_1 - T_2$。

【实验注意事项】

（1）静电很容易导致激光器和发光二极管老化，实验时请佩戴防静电手腕带，不要用手直接接触发光二极管引脚以及与发光二极管连接的任何固定件、测试点和线路，以免损坏器件。

（2）严禁将任何电源对地短路。

（3）严格按照指导书操作实验，出现任何异常情况，请立即关机断电，并请相关教师加以指导。

【实验步骤】

1. LD 的 *V* – *I* 特性曲线测试

（1）参照图 1-7 连接电路，其中 LD 采用半导体激光器。

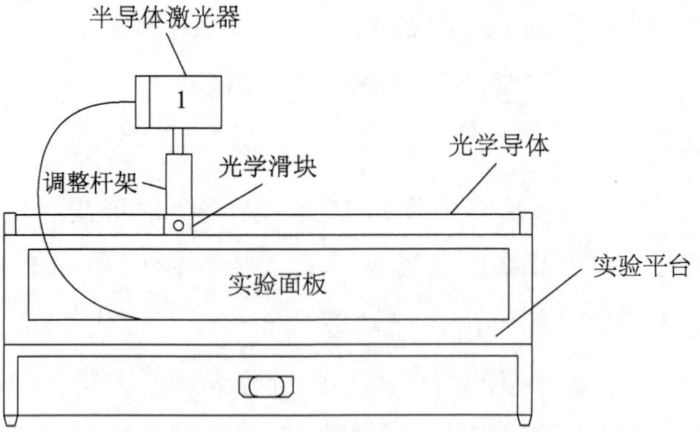

图 1-7　光路结构示意图

（2）将电流源的“电流调节”旋钮逆时针旋转到最小。开启电源，顺时针缓慢调节“电流调节”旋钮，使工作电流由 0 mA 逐渐增大，记录 LD 的工作电压值和电流值，将数据填入表 1-2。

表 1-2　LD 的 *V* – *I* 特性曲线测试数据记录表

电流/mA	0	0. 1	0. 2	0. 3	0. 4	0. 5	0. 6	0. 7	0. 8
电压/V									
电流/mA	0. 9	1	1. 2	1. 4	1. 6	1. 8	2	2. 5	3
电压/V									
电流/mA	3. 5	4	4. 5	5	5. 5	6	9	…	…
电压/V									

（3）实验完毕，将“电流调节”旋钮逆时针旋转到最小，关闭电源开关。

（4）根据表 1-2 收集的数据做出 LD 半导体激光器的 *V* – *I* 曲线。

2. LED 正向伏安特性测试

（1）检测台体旋钮，将所有旋钮逆时针拧到头，然后开启台体电源开关。

（2）按照图 1-8 进行接线，端口连接参考图 1-9。

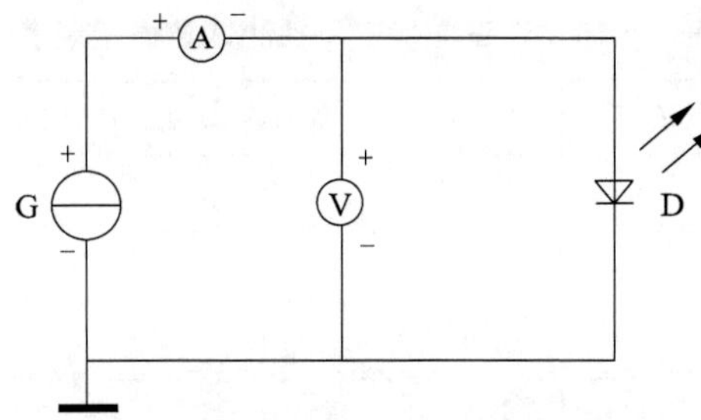

D—被测 LED 器件；G—恒流源；A—电流表；V—电压表

图 1-8　正向 *I*－*V* 特性测试图

台体电流源（0～20 mA）“＋Iout”	**接**	台体电流表的“＋”
台体电流表的“－”	**接**	LED 结构件的“红”色护套插座
LED 结构件的“黑”色护套插座	**接**	台体电流源（0～20 mA）“－Iout”
台体电压表的“＋”	**接**	LED 结构件的“红”色护套插座
台体电压表的“－”	**接**	LED 结构件的“黑”色护套插座

图 1-9　端口连接

注：① LED 结构件中的 LED 需要自己安装（模块配套有“红”“黄”“绿”“蓝”“白”5 种颜色的 Φ10LED）；实验默认安装白色。

② 结构件上“红”“黑”插孔对应“正”“负”极，注意 LED 安装的正负极，其实物图如图 1-10 所示。

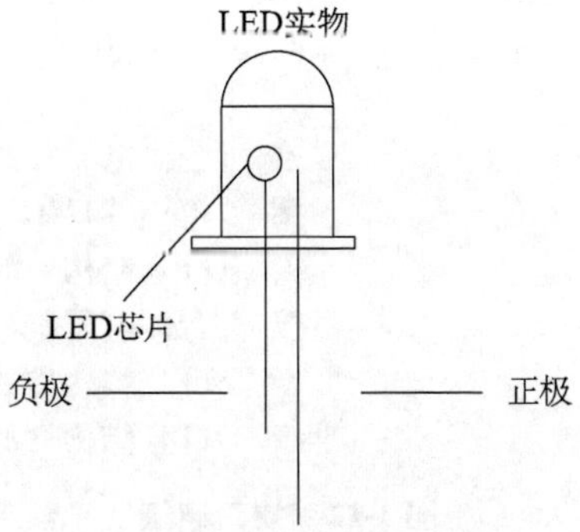

图 1-10　LED 实物图

（3）将电流表调至“20 mA”挡，电压表调至“2 V”挡或“20 V”挡，顺时针缓慢调节“电流调节”旋钮，将电流、电压数值记录在表 1-3 中（表中参数仅供参考，电流取值可根据实验情况进行调整，电流取值尽量多）。

（4）根据表 1-3 中的数据绘制 LED 正向伏安特性曲线，并分析 LED 正向伏安特性的特征。

（5）通过分析表 1-3 中的数据特征或 LED 正向伏安特性曲线图特征，得出 LED 的正向压降值。

（6）还原仪器，关闭电源，实验完毕。

表 1-3　LED 正向伏安特性测试数据记录表

电流/mA	0	0. 1	0. 2	0. 3	0. 4	0. 5	0. 6	0. 7	0. 8
电压/V									
电流/mA	0. 9	1	1. 2	1. 4	1. 6	1. 8	2	2. 5	3
电压/V									
电流/mA	3. 5	4	4. 5	5	5. 5	6	9	12	15
电压/V									

3. LED 反向伏安特性测试

（1）检测台体旋钮，将所有旋钮逆时针拧到头，然后开启台体电源开关。

（2）按照图 1-11 进行接线，端口连接参考图 1-12。

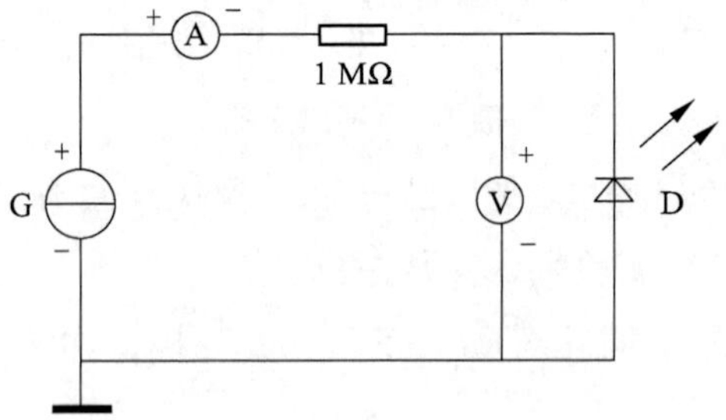

D—被测 LED 器件；G—稳压源；A—电流表；V—电压表

图 1-11　反向 I – V 特性测试图

台体电压源（0 ~ 200 V）接口中的“ + Vout”	**接**	台体电流表的“ + ”
台体电流表的“ – ”	**接**	模块“1MΩ”电阻一端
模块“1MΩ”电阻另一端	**接**	LED 结构件的“黑”色护套插座
LED 结构件的“红”色护套插座	**接**	台体电压源（0 ~ 200 V）接口中的“ – Vout”
台体电压表的“ + ”	**接**	LED 结构件的“黑”色护套插座
台体电压表的“ – ”	**接**	LED 结构件的“红”色护套插座

图 1-12　端口连接

（3）将电流表调至“200 μA”挡，电压表调至“200 V”挡，顺时针缓慢调节（0 ~ 200 V）“电压调节”旋钮，读取表头电流值和电压值（直到电压大小增大到基本不变或增加缓慢为止），将电流值和电压数值记录在表 1-4 中（表中参数仅供参考，电流取值可根据实验情况进行调整，电流取值尽量多）。

（4）根据表 1-4 中数据绘制 LED 反向伏安特性曲线，并分析 LED 反向伏安特性的特征。

（5）通过分析表 1-4 中的数据特征或 LED 反向伏安特性曲线图特征，得出 LED 的反向击穿电压 V_R。

（6）还原仪器，关闭电源，实验完毕。

表 1-4 LED 反向伏安特性测试数据记录表

电流/μA	0	1	2	3	4	6	8	10	12
电压/V									
电流/μA	14	16	18	20	22	24	26	28	30
电压/V									
电流/μA	32	34	36	38	40				
电压/V									

4. LED 强度的空间分布测试

（1）检测台体旋钮，将所有旋钮逆时针拧到头，然后开启台体电源开关。

（2）LED 接线如图 1-13 所示，端口连接方式参考图 1-9。

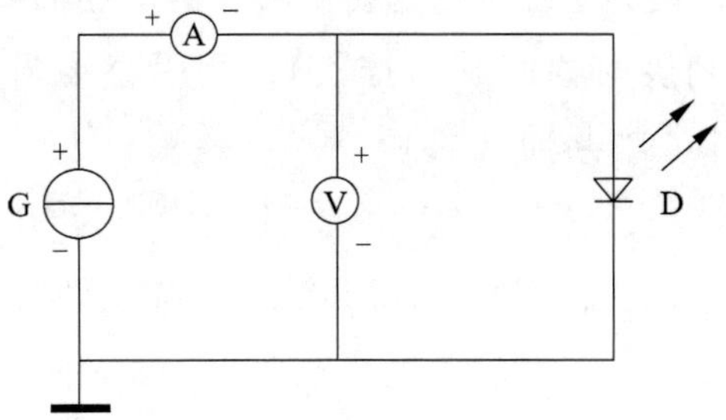

图 1-13 LED 接线图

（3）调整探测器套筒，使其中心轴与精密旋转台的中心轴共轴，同时将精密旋转台侧面的紧固旋钮松开（微调角度时紧固旋钮拧紧），用手直接调整精密旋转台上层面，使 LED 机械轴与探测器套筒中心轴共轴。

（4）顺时针缓慢调节“电流调节”旋钮，使电流大小为 10 mA，记录照度表示数填入表 1-5 中（表中示数记录方式仅供参考，可根据实验情况进行调整）。

表 1-5 强度空间分布测试数据记录表

角度/（°）	0	5	10	15	20	25	30	35	40	45
照度/Lx										
角度/（°）	50	55	60	65	70	75	80	85	90	
照度/Lx										
角度/（°）	−5	−10	−15	−20	−25	−30	−35	−40	−45	−50
照度/Lx										
角度/（°）	−55	−60	−65	−70	−75	−80	−85	−90		
照度/Lx										

（6）根据表 1-5 的数据绘制 LED 强度空间分布曲线。

5. LED 半最大强度角及偏差角测试

（1）检测台体旋钮，将所有旋钮逆时针拧到头，然后开启台体电源开关。

（2）LED 接线如图 1-14 所示，连接方式参考图 1-9。

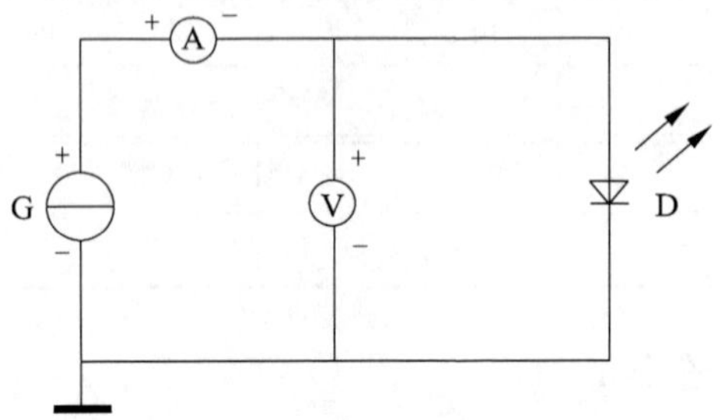

图 1-14　LED 接线图

（3）调整探测器套筒，使其中心轴与精密旋转台的中心轴共轴，同时将精密旋转台侧面的紧固旋钮松开（微调角度时紧固旋钮拧紧），用手直接调整精密旋转台上层面，使 LED 机械轴与探测器套筒中心轴共轴。

（4）顺时针缓慢调节“电流调节”旋钮，使电流大小为 10 mA。

（5）记录 LED 机械轴与探测器套筒中心轴共轴时对应的精密旋转台对应的角度示数 θ_1。

（6）缓慢调节精密旋转台，观察照度表示数变化，记录照度为最大 I 时精密旋转台对应的角度示数 θ_2，即得到偏差角 $\triangle\theta_2 = |\theta_2 - \theta_1|$。

（7）继续缓慢调节精密旋转台，观察照度表示数变化，记录照度为 $I/2$ 时精密旋转台对应的角度示数 θ_3，即半最大强度角 $\theta_{1/2} = |\theta_3 - \theta_1|$。

（8）计算数据：

偏差角 $\triangle\theta_2$ = ________________________；

半最大强度角 $\theta_{1/2}$ = ________________________。

（9）还原仪器，关闭电源，实验完毕。

6. LED 光谱特性测试

（1）检测台体旋钮，将所有旋钮逆时针拧到头，然后开启台体电源。

（2）LED 连接如图 1-15 所示。

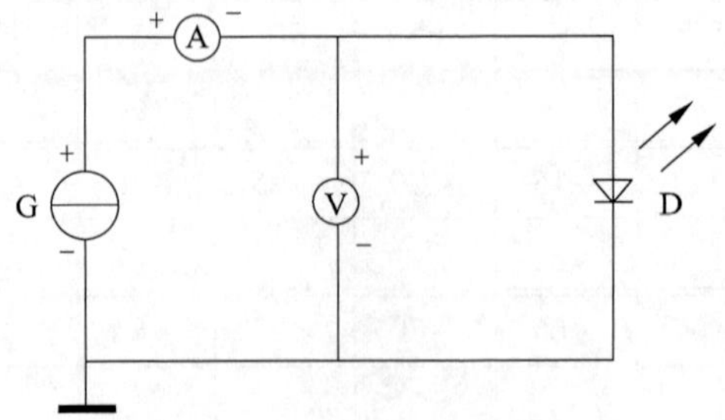

D—被测 LED 器件；G—恒流源；A—电流表；V—电压表

图 1-15　光谱特性测试图

（2）接线方式参考图 1-9。

（3）将电流表调至“20 mA”挡，电压表调至“2 V”挡或“20 V”挡，顺时针缓慢调节“电流调节”旋钮，将电流值调至 15 mA，读取对应照度值并记录。

（4）更换不同颜色滤色片，重复以上实验步骤，并将对应照度值填入表 1-6 中。

表 1-6　不同颜色滤色片数据记录表

滤色片（对应波长纳米）/nm	>650	>610	>565	>535	>490	>450	>400
照度值 E_λ/Lx							

（5）根据不同波长条件下测得的照度值，按表 1-7 中的计算方法，求出相应波长范围内的照度值，并填入表 1-7。

表 1-7　实验数据处理表

波长范围/nm	>650	650 ~ 610	610 ~ 565	565 ~ 535	535 ~ 490	490 ~ 450	450 ~ 400
计算方法	E_{650}	$E_{610}-E_{650}$	$E_{565}-E_{610}$	$E_{535}-E_{565}$	$E_{490}-E_{535}$	$E_{450}-E_{490}$	$E_{400}-E_{450}$
照度值/Lx							

7. LED 时间响应特性测试

（1）按照图 1-16 接线（推荐使用 Φ5 白发白 LED）。

+5 V 电源的 +5 V	接	模块 +5 V、1 MΩ 电阻一端
+5 V 电源的 GND	接	模块 GND
1 MΩ 电阻另一端	接	光照度探测器末端黑色护套插座
光照度探测器末端红色护套插座	接	模块 GND
双踪示波器的接地端	接	模块 GND
光照度探测器末端红色护套插座	接	测试接口单元的“光照度 -（J26）”
双踪示波器的通道 CH1	接	模块脉冲发生单元“脉冲输出（T3）”
双踪示波器的通道 CH2	接	测试接口单元的“光照度 +（T1）”
光照度探测器末端黑色护套插座	接	测试接口单元的“光照度 +（J25）”
模块脉冲发生单元“GND”（J22）	接	LED 结构件的“黑”色护套插座
模块脉冲发生单元“脉冲输出”（J21）	接	LED 结构件的“红”色护套插座

图 1-16　接线方式

（2）顺时针将“电流调节”和“PWM 调节”旋钮拧到底，使 LED 处于最亮状态，调节示波器，使示波器上的波形稳定且清晰，观察示波器上的波形，对比 CH1 和 CH2 波形的上升段的相位差。LED 时间响应特性参考测量图如图 1-17 所示。

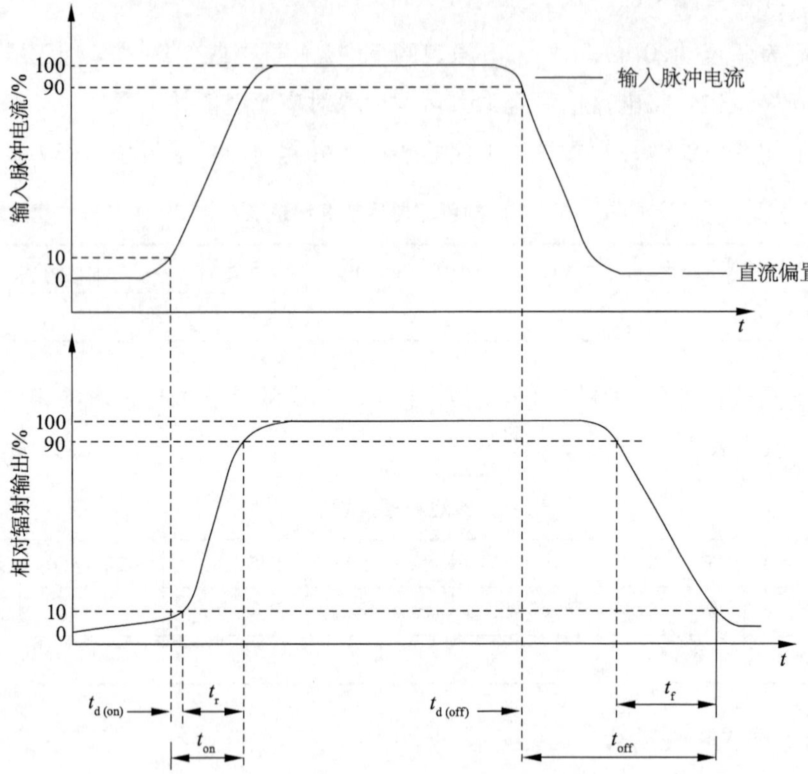

图 1-17　LED 时间响应特性

（3）在示波器上读出相关时间响应特性值并记录。

【思考题】

（1）LED 发光亮度与工作电流间关系是怎么样的?

（2）根据反向伏安特性曲线分析 LED 在反向电压过大的时候为何会被击穿，属于什么击穿类型?

（3）LED 的强度空间分布情况对我们有什么作用?

（4）串联电阻 R 对于 LED 的应用性能有何影响?

（5）为什么 LD/LED 的输出特性有较大差异?

实验二

光敏电阻特性测试

【实验目的】

（1）掌握光敏电阻的暗电流定义及测量方法。
（2）理解光敏电阻暗电阻的定义。
（3）掌握光敏电阻的亮电流定义及测量方法。
（4）理解光敏电阻亮电阻的定义。
（5）了解光敏电阻的工作原理和使用方法。
（6）掌握光强与光敏电阻阻值及光电流间的关系测试方法。
（7）了解光敏电阻的工作原理及使用方法。
（8）掌握光敏电阻的光电特性及其测试方法。
（9）掌握光敏电阻的伏安特性及其测试方法。
（10）掌握光敏电阻的光谱特性及其测试方法。
（11）掌握光敏电阻的时间响应特性定义及其测试方法。

【实验内容】

（1）光敏电阻暗电阻、暗电流的测试。
（2）光敏电阻亮电阻、亮电流的测试。
（3）光强与光敏电阻阻值及光电流的关系测试。
（4）光敏电阻的光电特性的测试。
（5）光敏电阻的伏安特性的测试。
（6）光敏电阻的光谱特性的测试。
（7）光敏电阻的时间响应特性测试。

【实验仪器】

（1）实验平台（一台）；

（2）光源输出及测量模块（一块）；

（3）全彩 LED 光源（一套）；

（4）光敏电阻结构件（一套）；

（5）连接导线（若干）；

（6）双踪示波器（一台）。

【实验原理】

1. 光敏电阻的暗电阻、暗电流

光敏电阻在黑暗的室温条件下，由于热激发产生的载流子使它具有一定的电导，该电导称为暗电导，其倒数称为暗电阻，一般的暗电导值都很小（或暗电阻阻值都很大）。光敏电阻在一定的外加电压下，当没有光照射的时候，流过的电流称为暗电流。外加电压与暗电流之比称为暗电阻。光敏电阻符号和连接如图 2-1 所示。

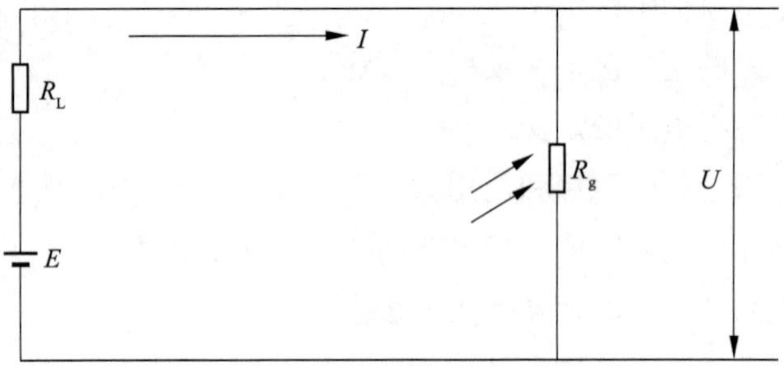

图 2-1　光敏电阻的符号和连接

2. 光敏电阻的亮电阻、亮电流

当有光照射在光敏电阻上时，它的电导将变大，这时的电导称为光电导。光敏电阻在一定的外加电压下，有光照射的时候，流过的电流称为亮电流。外加电压与亮电流之比称为亮电阻。

3. 光敏电阻的光电流

光敏电阻是基于内光电效应工作的，在黑暗环境里，光敏电阻的电阻值很高，当受到光照时，只要光子能量大于半导体材料的禁带宽度，则价带中的电子吸收一个光子的能量后可跃迁到导带，并在价带中产生一个带正电荷的空穴，这种由光照产生的电子－空穴对增加了半导体材料中载流子的数目，使其电阻率变小，从而造成光敏电阻阻值下降。光照愈强，阻值愈低。入射光消失后，由光子激发产生的电子－空穴对将复合，光敏电阻的阻值也就恢复原值。

4. 光敏电阻的光电特性

当有光照射在光敏电阻上时，它的电导将变大，这时的电导称为光电导。电导随光照量变化越大的光敏电阻，其灵敏度就越高，这个特性就称为光敏电阻的光电特性，也可定义为光电流与照度的关系。

光敏电阻在弱辐射和强辐射作用下表现出不同的光电特性（线性和非线性），实际上，它的光电特性可用在“恒定电压”下流过光敏电阻的电流 I_P，与作用到光敏电阻上的光照度 E 的关系曲线来描述。不同材料的光照特性是不同的，绝大多数光敏电阻光照特性是非线性的。

5. 光敏电阻的伏安特性

光敏电阻的本质是电阻，符合欧姆定律，因此它具有与普通电阻相似的伏安特性。在一定的光照下，加到光敏电阻两端的电压与流过光敏电阻的亮电流之间的关系称为光敏电阻的伏安特性，常用图 2-2 所示的曲线表示。图中的虚线为额定功耗线。使用光敏电阻时，应不使光敏电阻的实际功耗超过额定功耗值。从图上看，就是不能使静态工作点居于虚线以外的区域。按这一要求，在设计负载电阻时，应使负载线与额定功耗线不相交。

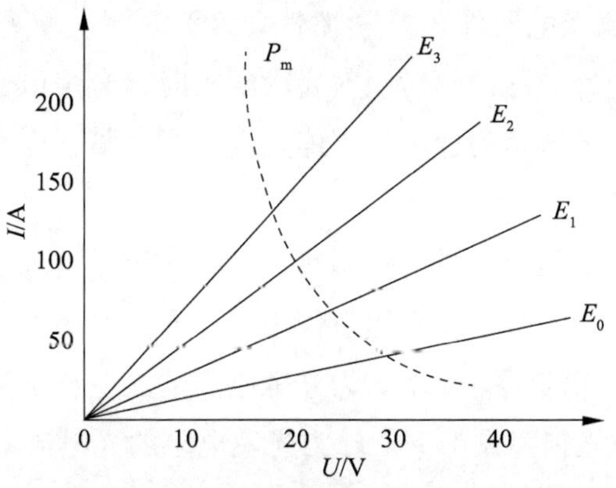

图 2-2　光敏电阻的伏安特性曲线

如果所加电压越高，则光电流越大而且无饱和现象。对于大多数半导体，电场强度超过 10^4 V/厘米时才开始不遵循欧姆定律。只有 CdS（硫化镉）是例外，它的伏安特性在超过 100 V 时就产生转折点不再呈现线性变化。光敏电阻的最高使用电压由它的耗散功率所决定，而耗散功率又与面积大小、散热情况等有关。

6. 光敏电阻的光谱特性

对于不同波长的入射光，光敏电阻的相对灵敏度是不相同的，光谱特性多用相对灵敏度与波长的关系曲线表示。光敏电阻的光谱响应与光敏材料静态宽度、杂质电离能、材料掺杂比与掺杂浓度等因素有关。图 2-3 所示为 3 种典型光敏电阻（CdS，CdSe，PbS）的光谱响应特性曲线。例如，由 CdS 材料制成的光敏电阻的光谱响应特性很接近人眼的视觉响应；CdSe（硒化镉）材料制成的光敏电阻的光谱响应较 CdS 材料制成的光敏电阻的光谱响应范围宽；PbS（硫化铅）材料制成的光敏电阻的光谱响应范围最宽，为 0.4～2.8 μm，PbS 材料制成的光敏电阻常用于火点探测与火灾预警系统。

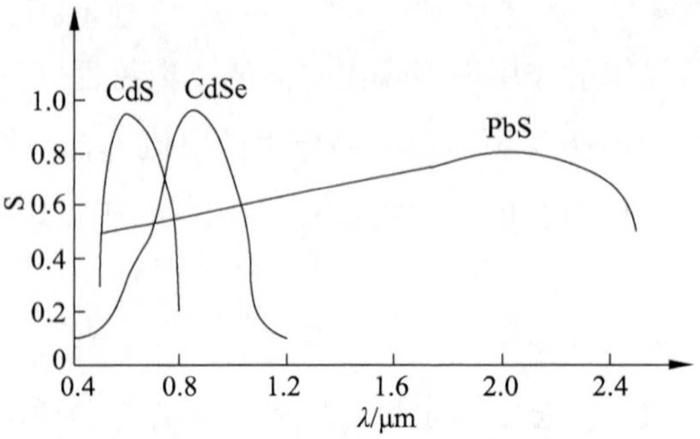

图 2-3　三种典型光敏电阻的光谱响应曲线

7．光敏电阻的时间特性

光敏电阻是依靠非平衡载流子效应工作的，非平衡载流子的产生与复合都有一个时间过程，这个时间过程在一定程度上影响了光敏电阻对变化光照的响应。光敏电阻的时间响应（又称为惯性）比其他光电器件要差（惯性要大）一些，频率响应要低一些，而且具有特殊性。当用一个理想方波脉冲辐射照射光敏电阻时，光生电子要有产生的过程，光生电导率要经过一定的时间才能达到稳定。当停止辐射时，复合光生载流子也需要时间，表现出光敏电阻具有较大的惯性。

光敏电阻的惯性与入射辐射信号的强弱有关，τ_r 定义为光敏电阻的上升时间常数，τ_f 定义为光敏电阻的下降时间常数。弱光辐射作用下，τ_r 为光敏电阻的光电流上升到稳态值的63%所需要的时间；在辐射停止后，τ_f为光敏电阻的光电流下降到稳态值的37%所需要的时间，此时 $\tau_r = \tau_f$。强光辐射作用下，τ_r 为光敏电阻的光电流上升到稳态值的76%所需要的时间；在辐射停止后，由于光敏电阻体内的光生电子和光生空穴需要通过复合才能恢复到辐射作用前的稳定状态，而且随着复合的进行，光生载流子数密度在减小，复合几率在下降，所以停止辐射的过渡过程要远远大于入射辐射的过程，τ_f 为光敏电阻的光电流下降到稳态值的50%所需要的时间。当然，光敏电阻在被强光辐射后，其阻值恢复到长期处于黑暗状态的暗电阻所需要的时间将是相当长的。因此，光敏电阻的暗电阻常与其检测前是否被曝光有关，这个效应常被称为光敏电阻的前例效应。

【实验注意事项】

（1）打开电源之前，将两个“电源调节”旋钮逆时针调至底端。

（2）实验操作中不要带电插拔导线，应该在熟悉原理后，按照电路图连接，检查无误后，方可打开电源进行实验。

（3）若照度计、电流表或电压表显示为“1_ ”，则说明超出量程，应选择合适的量程再测量。

（4）严禁将任何电源对地短路。

【实验步骤】

1. 光敏电阻暗电阻、暗电流的测试

（1）实验测试电路及套筒接口如图 2-4、图 2-5 所示（注意：实验前应注意查看套筒是否与实验内容相符，如不相符，需要更换对应探测器套筒。更换方法：直接将不符的套筒拧下，换上实验对应的套筒）。

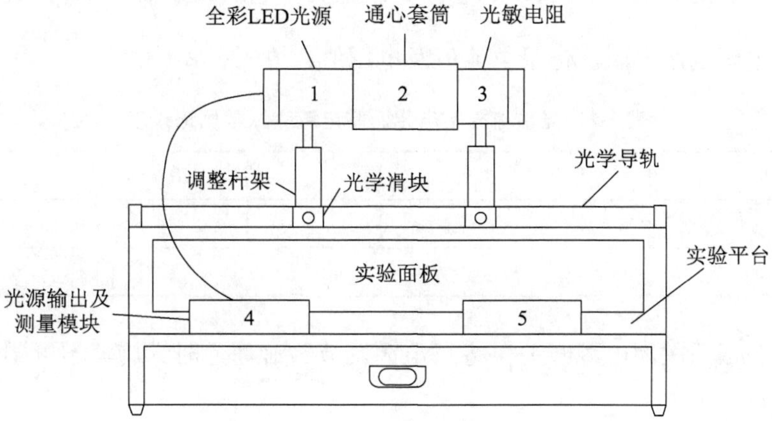

图 2-4　光路结构示意图

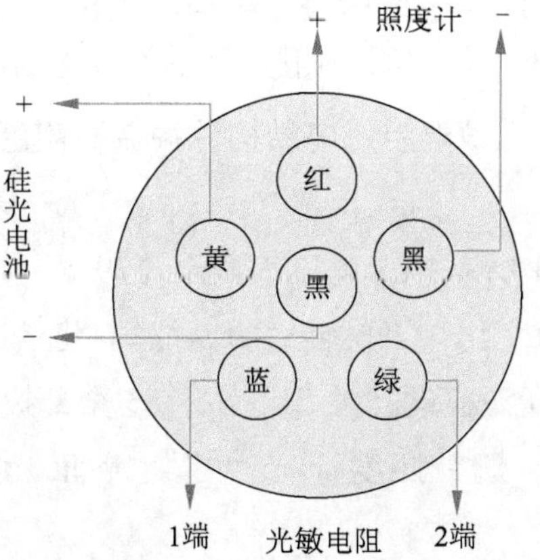

图 2-5　套筒（光敏电阻、硅光电池）上端盖护套插座分布图

（2）按照图 2-6 连接导线：将面板上 0～30 V“电源调节”处的“+”与光路单元的蓝色插孔连接，绿色插孔与“电流表”的“+”连接，“电流表”的“-”与“电源调节”处的“-”连接。将光路单元的蓝色及绿色插孔分别连接到电压表的“+”“-”端（注：光敏电阻对应结构件端盖的蓝色和绿色插孔，无正负极之分，实验时可随意连接）。

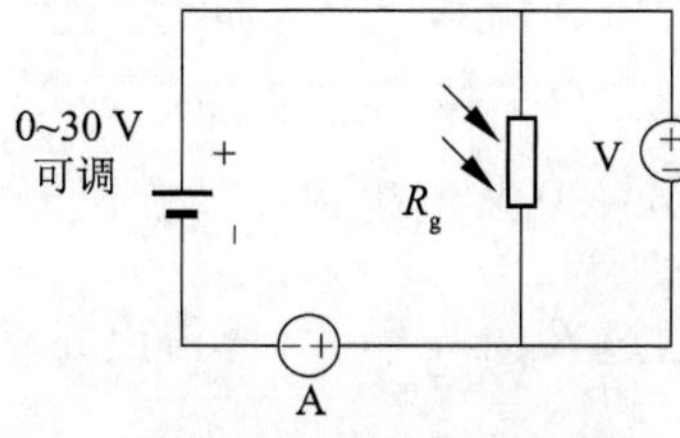

图 2-6　光敏电阻暗电流、暗电阻测量电路

（3）电压表调至“20 V”挡，电流表调至“200 μA”挡（实验过程中应根据实际数值变化，更换合适的挡位）。将“电源调节”旋钮逆时针旋至不可调位置，将全彩光源驱动开关 S1，S2，S3 全部拨向下。

（4）打开电源开关，调节“0～30 V 电源调节”，使电压表示数为 5 V，此时电流表示数即为 5 V 偏压下光敏电阻暗电流值，还可测试偏压为 10 V，15 V，20 V，25 V，30 V 时所对应的电流值。此时电流表的读数 $I_{暗}$ 即为暗电流，电压表读数为 $U_{暗}$，通过 $R_{暗}=\frac{U_{暗}}{I_{暗}}$可计算得出光敏电阻的暗电阻。记录电流值及电压值，填入表 2-1 中。

表 2-1　光敏电阻暗电阻、暗电流测试数据记录表

电压/V	5	10	15	20	25	30
暗电流/μA						
暗电阻/Ω						

（5）实验完成后关闭电源开关，将“电源调节”旋钮逆时针旋至不可调位置，拆除连接导线并放置好。

2．光敏电阻亮电阻、亮电流的测试

（1）实验测试电路及套筒接口如图 2-4、图 2-5 所示。

（2）按照图 2-6 连接导线，R_L 为保护电阻，可选择适当电阻值（参考值 10 kΩ，可根据情况更换其他阻值）。注：光敏电阻对应结构件端盖的蓝色和绿色插孔，无正负极之分，实验时可随意连接。

（3）将照度计调至“200 Lx”挡，电压表调至“20 V”挡，电流表调至“20 mA”挡（实验过程中应根据实际数值变化，更换合适的挡位）。将“0～30 V 电源调节”旋钮逆时针旋至不可调位置，将全彩光源驱动开关 S1，S2，S3 全部拨向上。

（4）打开实验平台电源，调节照度计“调零”旋钮，直到照度计显示“000. 0”为止，关闭实验平台电源。

（5）连接光路单元红色插孔至照度计输入“＋”插孔，连接光路单元边缘黑色插孔至照度计输入“－”插孔。

（6）按“照度加”或“照度减”调节，使照度计显示在“100. 0”Lx 左右，调节“0～30 V 电源调节”旋钮，电流表的读数 $I_{亮}$ 即为亮电流，电压表的读数 $U_{亮}$ 即为亮电压，通过 $R_{亮}=\frac{U_{亮}}{I_{亮}}$可计算得出光敏电阻的亮电阻。还可测量其他照度下，光敏电阻的亮电流及对应的亮电阻值。记录电压值及电流值，填入表 2-2 中。

（7）实验完成后关闭电源开关，将“电源调节”旋钮逆时针旋至不可调位置，拆除连接导线并放置好。

表 2-2　光敏电阻亮电阻、亮电流测试数据记录表

$U_{亮}$/V	1	2	3	4	5	…
$I_{亮}$/A						
$R_{亮}$/kΩ						
R 平均值/kΩ						

3. 光敏电阻光电流的测试

（1）实验测试电路及套筒接口如图 2-4、图 2-5 所示。

（2）按照图 2-7 连接导线，R_L 为保护电阻，可选择适当电阻值（参考值 10 kΩ，可根据情况更换其他阻值）。注：光敏电阻对应结构件端盖的蓝色和绿色插孔，无正负极之分，实验时可随意连接。

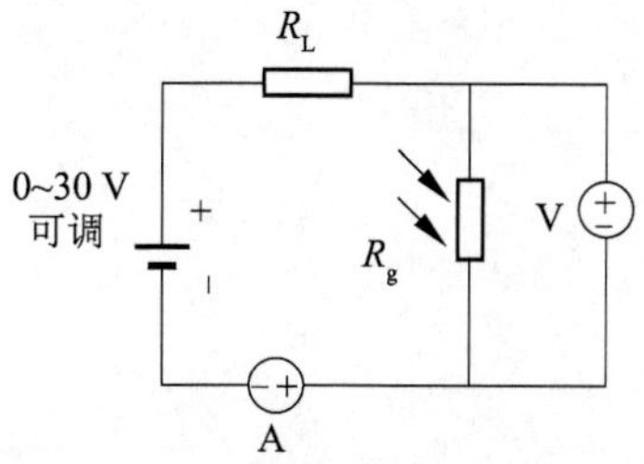

图 2-7　光强与光敏电阻阻值关系测试电路

（3）将照度计调至“200 Lx”挡，电压表调至“20 V”挡，电流表调至“20 mA”挡（实验过程中应根据实际数值变化，更换合适的挡位）。将“电源调节”旋钮逆时针旋至不可调位置，将全彩光源驱动开关 S1，S2，S3 全部拨向上。

（4）打开实验平台电源，调节照度计“调零”旋钮，直到照度计显示“000.0”为止，关闭实验平台电源。

（5）连接光路单元红色插孔至照度计输入“+”插孔，连接光路单元黑色插孔至照度计输入“-”插孔。

（6）按“照度加”或“照度减”调节，使照度计显示“50.0”Lx 左右，调节“0~30 V 电源调节”旋钮，使其输出值为 10 V。此时电流表显示值即为照度等于 50 Lx 时流过光敏电阻的电流值，记录此时电流值及电压值。

（7）测量照度为 100 Lx，150 Lx，200 Lx，250 Lx，300 Lx，350 Lx，400 Lx，450 Lx，500 Lx，550 Lx，600 Lx 时分别对应的电流值 I 及电压值 U，按照 $R=\dfrac{U}{I}$ 计算阻值，并且将实验数据记录于表 2-3 中（照度值设置可根据实际情况进行调整，表 2-3 所示照度值仅供参考）。

表 2-3　光强与光敏电阻阻值及光电流关系测试数据记录表

照度/Lx	50	100	150	200	250	300	350	400	450	500	550	600
电压/V												
电流/mA												
电阻/kΩ												

（8）实验完成后关闭电源开关，将“电源调节”旋钮逆时针旋至不可调位置，拆除连接导线并放置好。

4. 光敏电阻光电特性的测试

（1）实验测试电路及套筒接口如图 2-4、图 2-5 所示。

（2）按照图 2-8 连接导线，R_L 为保护电阻，可选择适当电阻值（参考值 10 kΩ，可根据情况更换其他阻值）。注：光敏电阻对应结构件端盖的蓝色和绿色插孔，无正负极之分，实验时可随意连接。

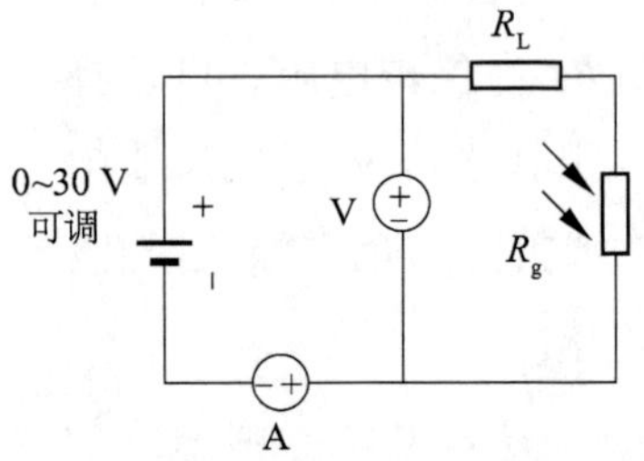

图 2-8　光敏电阻光电特性测试电路

（3）将照度计调至“200 Lx”挡，电压表调至“20 V”挡，电流表调至“20 mA”挡（实验过程中应根据实际数值变化，更换合适的挡位）。将“电源调节”旋钮逆时针旋至不可调位置，将全彩光源驱动开关 S1，S2，S3 全部拨向下。

（4）打开实验平台电源，调节照度计“调零”旋钮，直到照度计显示“000. 0”为止，调节“0 ~ 30 V 电源调节”旋钮，至电压表显示“5. 00”V，同时记录此时电流表显示值于表 2-4 中，关闭实验平台电源。

（5）连接光路单元红色插孔至照度计输入“ + ”插孔，连接光路单元黑色插孔至照度计输入“ – ”插孔。

（6）将全彩光源驱动开关 S1，S2，S3 全部拨向上，打开实验平台电源，保持电压表显示“5. 00”V，按“照度加”或“照度减”调节，使测量照度分别为 0 Lx，50 Lx，100 Lx，150 Lx，200 Lx，250 Lx，300 Lx，350 Lx，400 Lx，450 Lx，500 Lx，550 Lx，600 Lx 将分别对应的电流值记录于表 2-4 中。

表 2-4　光敏电阻光电特性测试（5 V 偏压）数据记录表

照度/Lx	0	50	100	150	200	250	300	350	400	450	500	550	600
电流/mA													

（7）调节“0 ~ 30 V 电源调节”旋钮，改变电源供电偏压，分别记录电压为 15 V，25 V 时，不同光照度下对应的电流值，并分别记录于表 2-5 及表 2-6 中。

表 2-5　光敏电阻光电特性测试（15 V 偏压）数据记录表

照度/Lx	0	50	100	150	200	250	300	350	400	450	500	550	600
电流/mA													

表 2-6　光敏电阻光电特性测试（25 V 偏压）数据记录表

照度/Lx	0	50	100	150	200	250	300	350	400	450	500	550	600
电流/mA													

（8）实验完成后关闭电源开关，将“电源调节”旋钮逆时针旋至不可调位置，拆除连接导线并放置好。

5．光敏电阻伏安特性的测试

（1）实验测试电路及套筒接口如图 2-4、图 2-5 所示。

（2）按照图 2-7 连接导线，R_L 为保护电阻，可选择适当电阻值（参考值 1 kΩ，可根据情况更换其他阻值）。注：光敏电阻对应结构件端盖的蓝色和绿色插孔，无正负极之分，实验时可随意连接。

（3）将照度计调至“200 Lx”挡，电压表调至“20 V”挡，电流表调至“20 mA”挡（实验过程中应根据实际数值变化，更换合适的挡位）。将“电源调节”旋钮逆时针旋至不可调位置，将全彩光源驱动开关 S1，S2，S3 全部拨向上。

（4）打开实验平台电源，调节照度计“调零”旋钮，直到照度计显示“000. 0”为止，关闭实验平台电源。

（5）连接光路单元红色插孔至照度计输入“ + ”插孔，连接光路单元黑色插孔至照度计输入“ − ”插孔.

（6）打开实验平台电源，按“照度加”或“照度减”调节，使照度计显示“100. 0”Lx 左右，调节“0 ~ 30 V 电源调节”旋钮，至电压表显示“0. 00” V。此时电流表显示值即为照度等于 100 Lx、光敏电阻零偏时，流过光敏电阻的电流值，记录此时数据于表 2-7 中。

（7）保持照度为 100 Lx 不变，调节“0 ~ 30 V 电源调节”旋钮，使光敏电阻两端偏压为 1 V，2 V，3 V，4 V，5 V，6 V，7 V，8 V，9 V，10 V，分别记录对应的电流值，并填入表 2-7 中。

表 2-7　光敏电阻伏安特性测试（100 Lx 照度）数据记录表

偏压/V	0	1	2	3	4	5	6	7	8	9	10
电流/mA											

（8）将照度计调至“2000 Lx”挡，调节照度，使光照为 200 Lx，300 Lx，400 Lx，

500 Lx，600 Lx，分别测试不同光照度下，光敏电阻两端偏压为 0 V，1 V，2 V，3 V，4 V，5 V，6 V，7 V，8 V，9 V，10 V 时对应的电流值，并将数据填入表 2-8 至表 2-12 中。

表 2-8　光敏电阻伏安特性测试（200 Lx 照度）数据记录表

偏压/V	0	1	2	3	4	5	6	7	8	9	10
电流/mA											

表 2-9　光敏电阻伏安特性测试（300 Lx 照度）数据记录表

偏压/V	0	1	2	3	4	5	6	7	8	9	10
电流/mA											

表 2-10　光敏电阻伏安特性测试（400 Lx 照度）数据记录表

偏压/V	0	1	2	3	4	5	6	7	8	9	10
电流/mA											

表 2-11　光敏电阻伏安特性测试（500 Lx 照度）数据记录表

偏压/V	0	1	2	3	4	5	6	7	8	9	10
电流/mA											

表 2-12　光敏电阻伏安特性测试（600 Lx 照度）数据记录表

偏压/V	0	1	2	3	4	5	6	7	8	9	10
电流/mA											

（9）实验完成后关闭电源开关，将“电源调节”旋钮逆时针旋至不可调位置，拆除连接导线并放置好。

6．光敏电阻光谱特性的测试

（1）实验测试电路及套筒接口如图 2-4、图 2-5 所示。

（2）按照图 2-9 连接导线，R_L 为保护电阻，可选择适当电阻值（参考值 1 kΩ，可根据情况更换其他阻值）。注：光敏电阻对应结构件端盖的蓝色和绿色插孔，无正负极之分，实验时可随意连接。

（3）将照度计调至“200 Lx”挡，电压表调至“20 V”挡，电流表调至“20 mA”挡（实验过程中应根据实际数值变化，更换合适的挡位）。将“电源调节”旋钮逆时针旋至不可调位置。

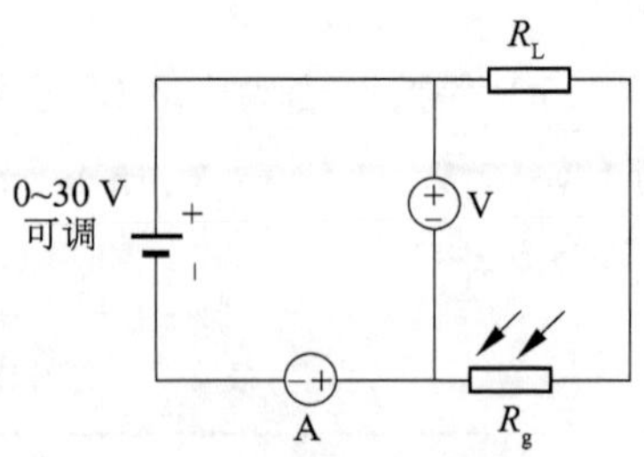

图 2-9　光敏电阻光谱特性测试电路

(4) 打开实验平台电源，调节照度计“调零”旋钮，直到照度计显示“000.0”为止，关闭实验平台电源。

(5) 连接光路结构红色插孔至照度计输入“+”插孔，连接光路结构上的黑色插孔至照度计输入“-”插孔。

(6) 打开实验平台电源，调节“0～30 V 电源调节”旋钮，使电压表示数显示为“10.00”V。

(7) 迅速按下“颜色切换”按钮，然后弹起，使“光源指示”显示为“1”；按“照度加”或“照度减”按钮，使照度计显示在“80.0”Lx 左右，将此时的电流表示数填入表 2-13 中。

(8) 按照步骤（8）调节“颜色切换”按钮至“光源指示”分别显示“2”“3”“4”“5”“6”，调节对应光源下的照度至“80.0”Lx 左右，同时将各个光源 80 Lx 照度下的电流表示数填入表 2-13 中。

表 2-13　光敏电阻光谱特性测试数据记录表

光源指示	1（红色）	2（橙色）	3（黄色）	4（绿色）	5（青色）	6（蓝色）
电流/mA						

注意：只要各个颜色光照度的值相同即可，不一定要在 80 Lx。

(9) 实验完成后关闭电源开关，将“电源调节”旋钮逆时针旋至不可调位置，拆除连接导线并放置好。

7．光敏电阻时间响应特性的测试

(1) 实验测试电路及套筒接口如图 2-4、图 2-5 所示，将脉冲发生单元的 S1，S2，S3 全部拨向下。

(2) 按照图 2-10 连接导线，R_L 为保护电阻，可选择适当电阻值（参考值 1 kΩ，可根据情况更换其他阻值）。注：光敏电阻对应结构件端盖的蓝色和绿色插孔无正负极之分，实验时可随意连接。

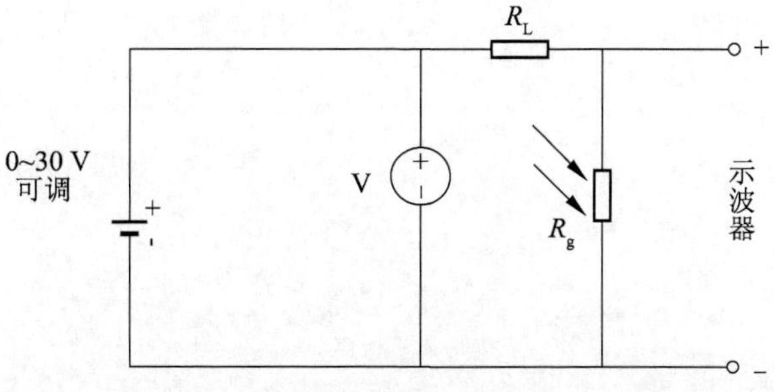

图 2-10　光敏电阻时间响应特性测试电路

(3) 将电压表调至“20 V”挡，电流表调至“200 μA”挡（实验过程中应根据实际数值变化，更换合适的挡位）。将“电源调节”旋钮逆时针旋至不可调位置。

（4）用导线连接脉冲发生单元方波发生插孔 J10 与“R”“G”“B”插孔，连接脉冲发生单元“GND”与 0 ~ 30 V 可调电源的“－”插孔。

（5）打开实验仪电源，调节“0 ~ 30 V 电源调节”旋钮，使电压表示数为 10 V。

（6）用双通道示波器探头 1 测试方波发生插孔 J10，用双通道示波器探头 2 测试光路结构黄色插孔（根据步骤 2 连线决定的），调节“脉宽调节”旋钮，使示波器测量波形稳定最佳，读出 2 通道的上升时间，即为光敏电阻时间响应特性参数。

注意：示波器地线若未接好，容易造成所测波形抖动。

（7）实验完成后关闭电源开关，将“电源调节”旋钮逆时针旋至不可调位置，拆除连接导线并放置好。

【思考题】

（1）为什么测光敏电阻亮电阻和暗电阻要经过 10 s 后再读数？

（2）在测量光谱特性前，为什么要确保采用不同波长时，其功率大小一致？

实验三

光敏二极管特性测试

【实验目的】

（1）了解光敏二极管的工作原理和使用方法及用途。

（2）掌握光敏二极管的暗电流定义及其测试方法。

（3）掌握光敏二极管的光照特性及其测试方法。

（4）掌握光敏二极管的伏安特性及其测试方法。

（5）掌握光敏二极管的光谱特性及其测试方法。

（6）掌握光敏二极管的灵敏度定义及其测试方法。

（7）掌握光敏二极管的时间特性定义及其测试方法。

【实验内容】

（1）光敏二极管暗电流的测量。

（2）光敏二极管光电流的测量。

（3）光敏二极管光照特性的测试。

（4）光敏二极管伏安特性的测试。

（5）光敏二极管光谱特性的测试。

（6）光敏二极管灵敏度的测试。

（7）光敏二极管时间特性的测试。

【实验仪器】

（1）实验平台（一台）；

（2）连接导线（若干）；

（3）光源输出及测量模块（一块）；

（4）全彩 LED 光源（一套）；

(5) 光敏二极管结构件（一套）；
(6) 电子器件模块一（一块）；
(7) 示波器（一台）。

【实验原理】

1. 光生伏特效应和光伏探测器的原理

光生伏特效应是指光照使半导体产生光生电子和空穴，这些电子和空穴在某种“力”的作用下向相反的方向移动和积聚而产生电位差的现象。使电子和空穴向相反的方向移动的“力”可以是同质半导体由于不同的掺杂形成的PN结、不同质的半导体组成的异质结或金属和同质半导体接触形成的肖特基结的内建电场，也可以是磁场等。下面以PN结为例说明光生伏特效应的原理，其原理图如图3-1所示。

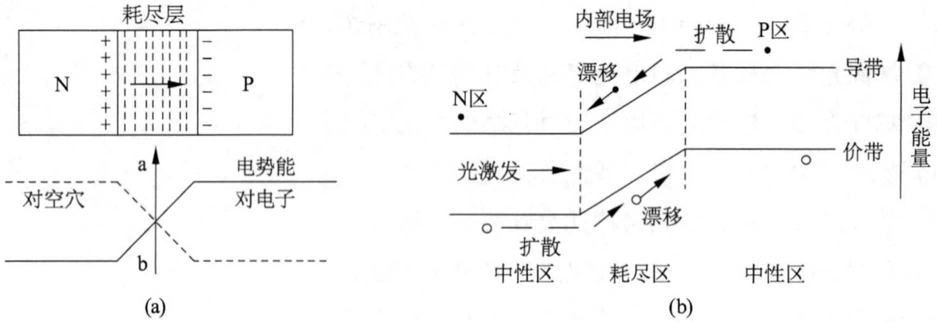

图3-1　光生伏特效应原理图

如图3-1a所示，无光照时，P区的多数载流子空穴和N区的多数载流子电子，由于浓度差会向对方扩散，结果在接触面附近形成正负离子组成的空间电荷层及相应的由N区指向P区的内建电场，该电场阻止了两边的载流子的扩散，但使电子和空穴产生与扩散运动方向相反的漂移运动，最后达到热平衡，形成一个稳定的内建电场$E_{内}$。内建电场存在的区域称作耗尽层。从能量的角度看，内建电场$E_{内}$在耗尽层形成一个势垒，电子在N区具有较低的势能，在P区具有较高的势能，空穴则相反，如图3-1b所示，最终使能带发生倾斜。N区的电子和P区的空穴要想从一区进入另一区都需要提供能量。

当有入射光作用时，如果光子的能量大于或等于带隙（$hf \geq E_g$），在耗尽层区、N区和P区都会发生受激吸收，即价带的电子吸收光子的能量跃迁到导带形成光生电子-空穴对。若电子-空穴对在耗尽层内，由于内部电场的作用，电子向N区运动，空穴向P区运动，则形成漂移电流。若电子-空穴对在耗尽层两侧没有电场的中性区，由于热运动，部分光生电子和空穴通过扩散运动可能进入耗尽层，然后在电场的作用下，形成与漂移电流相同方向的电流，称为扩散电流。漂移电流和扩散电流的总和即为光生电流。若外电路开路，则光生的电子和空穴分别在N区和P区积累，形成电动势，这就是光生伏特效应。若外电路闭合，N 区过剩的电子通过外电路流向 P 区；同样，P 区的空穴流向 N 区，便形成了光生电流。当入射光变化时，光生电流随之变化，从而将光信号转换成电信号。

这种由 PN 结构成，在入射光作用下，由于受激吸收过程产生的电子－空穴对的运动，在闭合电路中形成光生电流的器件，也就是简单的光敏二极管（PD）。

这种简单的光敏二极管（PD），由于 PN 结耗尽层只有几微米，大部分入射光被中性区吸收，中性区内的电子和空穴是靠扩散运动形成电流的，一方面它形成电流的几率小，即转换效率低，另一方面响应速度也慢。为了改善这种情况，使用 PD 管时，总是施加适当的反向偏压，即 N 区加正电压，P 区加负电压，外加电压与内部电场方向相同，从而增大耗尽层宽度，减小中性区宽度，提高了转换效率和响应速度。

光敏二极管在电路中一般是处于反向工作状态，在没有光照射时，反向电阻很大，反向电流很小（一般小于 0.1 μA），这个反向电流称为暗电流。当光照射在 PN 结上，光子打在 PN 结附近，使 PN 结附近产生光生电子－光生空穴对，称为光生载流子。它们在 PN 结处的内电场作用下做定向运动，形成光电流。光的照度越大，光电流越大。如果在外部电路接上负载，负载上就获得了电信号。因此光敏二极管在不受光照射时处于截止状态，受光照射时处于导通状态。图 3-2 为光敏二极管工作电路。

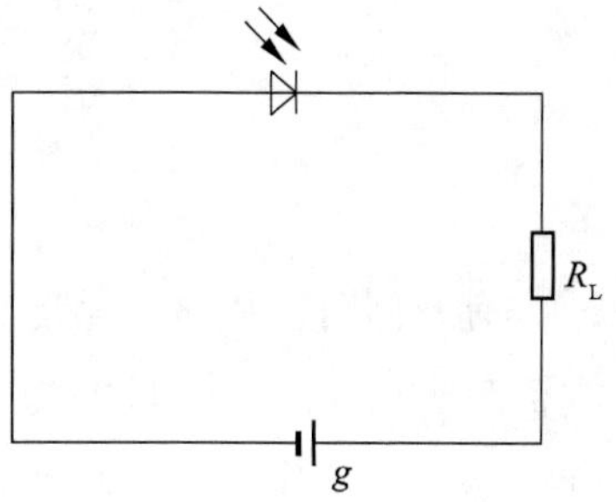

图 3-2　光敏二极管工作电路

2. 光敏二极管光照特性

光敏二极管在一定负偏压下，当入射光的强度发生变化时，通过光敏二极管的电流随之变化，在较小负载电阻下，光电流和照度呈线性关系。图 3-3 所示是光敏二极管的光照特性。

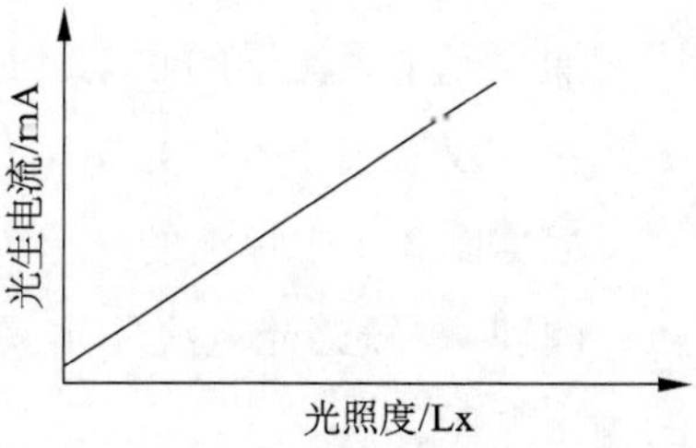

图 3-3　光照特性曲线

3. 光敏二极管伏安特性

光敏二极管（PD）就是一个 PN 结。根据对 PN 结的研究，无光照时，PN 结上的电压 V 和通过它的电流的伏安关系为

$$I_D = I_{SO}\left(e^{qV/kT} - 1\right) \tag{3-1}$$

式中，I_{SO} 为 PN 结的反向饱和电流；$k = 1.381 \times 10^{-23}$ J/K，为波尔兹曼常数；T 为热力学温度；q 为电子电荷量。

有光照时，产生光生电流 I_S 为

$$I_S = q\eta\frac{P}{h\nu} \tag{3-2}$$

式中，η 为量子效率；P 为光功率。

这两部分电流方向相同，则总电流 I 为

$$I = I_{SO}\left(e^{qV/kT}-1\right)+I_S \tag{3-3}$$

图 3-4 显示了光照 PN 结的理想伏安特性。

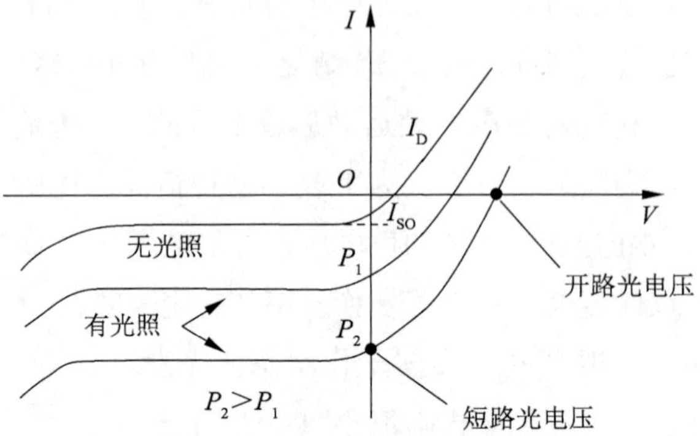

图 3-4　PN 结的理想伏安特性

有光照时，相对于无光照，曲线向下平移；光照越强，曲线往下平移的距离愈大，光电流越大。图中第一象限为 PN 结加正偏压状态，此时 PN 结暗电流 I_D 远大于光生电流，作为探测器工作在这个区域是没有意义的。第三象限为 PN 结加反偏压状态，此时 PN 结暗电流 $I_D = I_{SO}$，数值很小，远小于光生电流 I_S，光伏探测器输出的总电流 $I = I_{SO} + I_S \approx I_S$，光伏探测器多工作在这个区域。

由图 3-4 可见，在低反压下电流随电压变化比较明显，这是因为反向偏压增加使耗尽层加宽，结电场增强，使结区光的吸收率和光生载流子的收集效率增大。当反向偏压进一步增加，光生载流子的收集已达极限，光电流趋于饱和。这时，光电流与外加反向偏压几乎无关，仅取决于入射光功率。

根据图 3-4 中标注的“开路光电压”的位置，其定义可知为：在电流为 0 时的对应电压；同理，“短路光电流”定义为：电压为 0 时的对应电流。由下式可以求得光伏探测器的输出电压：

$$V = \frac{kT}{q}\ln\left(\frac{I_S - I}{I_{SO}} - 1\right) \tag{3-4}$$

在 PN 结开路时（即外负载电阻 $R_L \to \infty$），光伏探测器的输出电压称为开路电压 V_{OC}，这时经外回路负载 R_L 上的总电流 $I = 0$，在式（3-4）中，将 $I = 0$ 代入，可得开路电压的表达式：

$$V_{OC} = \frac{kT}{q}\ln\left(\frac{I_S}{I_{OS}} - 1\right) \tag{3-5}$$

若将 PN 短路（即 $V = 0$），由式（3-2）可得短路电流 I_{SC} 为

$$I_{SC} = I_S = \frac{q\eta}{h\nu}P \tag{3-6}$$

V_{OC}和I_{SC}是光伏探测器的两个重要参数，其数值可以从伏安特性曲线上得到；由式(3-5)、式（3-6）可看出，两者都随光强增大而增大，但I_{SC}随光强增大而线性上升，而V_{OC}则按对数规律增加，如图3-5所示。

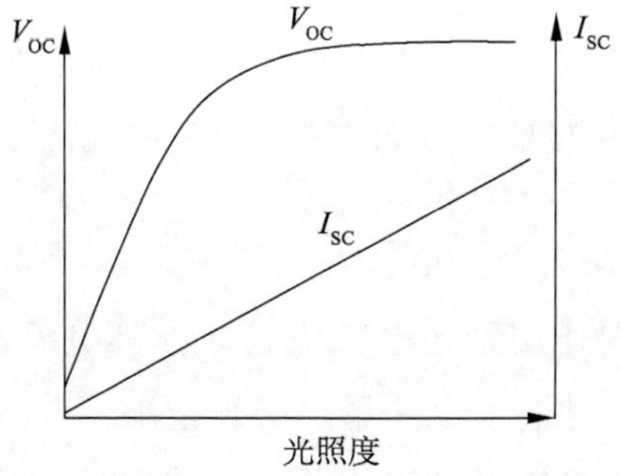

图3-5　V_{OC}和I_{SC}随光强变化曲线

4. 光敏二极管的光谱特性

以等功率的不同单色辐射波长的光作用于光敏二极管时，其响应程度或电流灵敏度与波长的关系曲线称为光敏二极管的光谱响应。图3-6为两种不同材质的光敏二极管的光谱响应曲线。由该曲线可以看出，典型硅光敏二极管光谱响应长波限约为1.1 μm，短波限接近0.4 μm，峰值响应波长约为0.9 μm。硅光电二极管光谱响应长波限受硅材料的禁带宽度E_g的限制，短波限受材料PN结厚度对光吸收的影响，减薄PN结的厚度可提高短波限的光谱响应；锗光电二极管的光谱响应范围较宽。

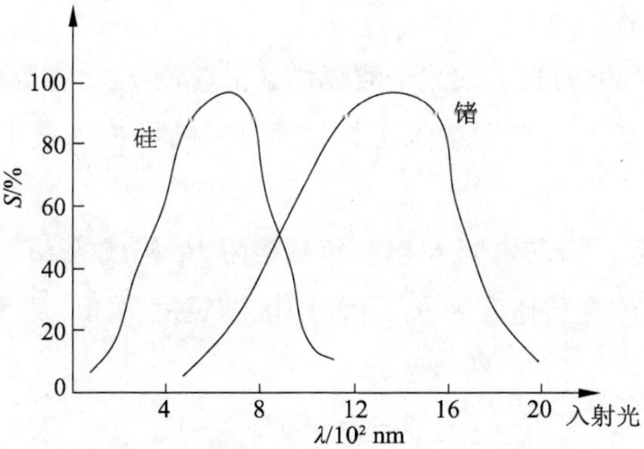

图3-6　典型光敏二极管光谱响应曲线

光敏二极管光谱响应特性的测量非常复杂，它需要各种单色光源，而且必须使各种单色光源在被测器件光敏面上的光照度严格相等。在上述条件满足的情况下，才能真正测得光敏二极管的光谱响应。这里涉及简单地测量光敏二极管光谱特性测量的实验，通过测量在一定光照度下的单色光对光敏二极管光生电流的关系曲线来近似光谱响应曲线。实际上，这种方法也能正确地反映光敏二极管光谱响应特性。

5. 光敏二极管的灵敏度特性

通过课本知识我们已经知道，光敏二极管的全电流方程为

$$I = -\frac{\eta q\lambda}{hc}（1 - e^{-\alpha d}）\Phi_{e,\lambda} + I_D（e^{\frac{qU}{kT}} - 1） \tag{3-7}$$

定义光敏二极管的电流灵敏度为，入射到光敏面上辐射量的变化（例如通量变化 $d\Phi$）引起电流变化 dI 与辐射量变化之比。通过对式（3-7）进行微分可以得到：

$$S_i = \frac{dI}{d\Phi} = \frac{\eta q\lambda}{hc}（1 - e^{-\alpha d}） \tag{3-8}$$

显然，当某波长 λ 的辐射作用于光电二极管时，其电流灵敏度为与材料有关的常数，表征光敏二极管的光电转换特性的线性关系。必须指出，电流灵敏度与入射辐射波长 λ 的关系是很复杂的，因此在定义光敏二极管的电流灵敏度时，通常将其峰值响应波长的电流灵敏度作为光敏二极管的电流灵敏度。在式（3-8）中，表面上看它与波长 λ 成正比，但是材料的吸收系数 α 还隐含着与入射辐射波长的关系。因此，常把光敏二极管的电流灵敏度与波长的关系曲线称为光谱响应，也就是“4. 光敏二极管的光谱特性”所做的实验的内容。

按照光敏二极管电流灵敏度的定义，实验采用红光作为测量光源，相对于其他光源来说，红光的波长更加接近于光谱响应曲线的峰值波长。

6. 光敏二极管的时间响应特性

以频率 f 调制的辐射作用于 PN 结硅光敏二极管光敏面时，PN 结硅光敏二极管电流的产生要经过下面 3 个过程：

（1）在 PN 结区内产生的光生载流子渡越结区的时间 τ_{dr}，称为漂移时间；

（2）在 PN 结区外产生的光生载流子扩散到 PN 结区内所需要的时间 τ_p，称为扩散时间；

（3）PN 结区电容 C_j、管芯电阻 R_i 以及负载电阻 R_L 构成的 RC 延迟时间 τ_{RC}。

设载流子在结区内的飘移速度为 v_d，PN 结区的宽度为 W，载流子在结区内的最长飘移时间为

$$\tau_{dr} = W/v_d \tag{3-9}$$

一般的 PN 结硅光敏二极管，内电场强度 E_i 都在 10^5 V/cm 以上，载流子的平均漂移速度要高于 10^7 cm/s，PN 结区的宽度一般约为 100 μm。由式（3-9）可知，漂移时间 $\tau_{dr} = 10^{-9}$ s，为 ns 数量级。

对于 PN 结硅光敏二极管，入射辐射在 PN 结势垒区以外激发的光生载流子必须经过扩散运动到势垒区内，才能受内建电场的作用，并分别被拉向 P 区与 N 区。载流子的扩散运动往往很慢，因此扩散时间 τ_p 很长，约为 100 ns，它是限制 PN 结硅光敏二极管时间响应的主要因素。

另一个因素是 PN 结电容 C_j、管芯电阻 R_i 以及负载电阻 R_L 构成的 RC 延迟时间 τ_{RC}，有

$$\tau_{RC}=C_j\ (R_i+R_L) \tag{3-10}$$

普通 PN 结硅光敏二极管的管芯内阻 R_i 约为 250 Ω，PN 结电容 C_j 常为几个 pF，在负载电阻 R_L 很大时，时间常数 τ_{RC}将成为影响硅光敏二极管时间响应的一个重要因素，应用时必须注意。

通过以上分析可见，影响 PN 结硅光敏二极管时间响应的主要因素是 PN 结区外载流子的扩散时间 τ_p，如何扩展 PN 结区是提高硅光敏二极管时间响应的重要措施。增高反向偏置电压会提高内建电场的强度，扩展 PN 结的耗尽区；但是反向偏置电压的提高也会加大结电容，使 RC 时间常数 τ_{RC}增大。因此，必须从 PN 结的结构设计方面考虑，如何在不增大偏压的情况下使耗尽区扩展到整个 PN 结器件，消除扩散时间。

【实验注意事项】

（1）实验操作中不要带电插拔导线，应严格按照电路图连接，确认无误后，方可打开电源进行实验。

（2）严禁将任何电源对地短路。

（3）严格按照指导书操作实验，出现任何异常情况，请立即关机断电，并请相关教师加以指导。

【实验步骤】

1. 光敏二极管暗电流的测量

（1）实验测试电路及套筒接口如图 3-7、图 3-8 所示（注意：实验前注意查看套筒是否与实验内容相符，如不相符，需要更换对应探测器套筒。更换方法：直接将不符的套筒拧下，换上实验对应的套筒）。

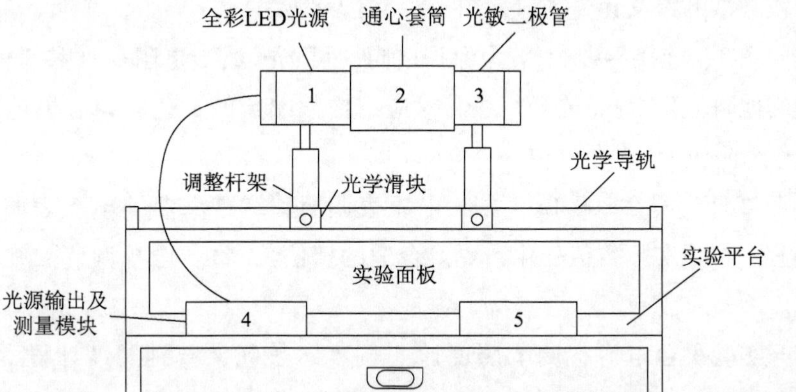

图 3-7　光路结构示意图

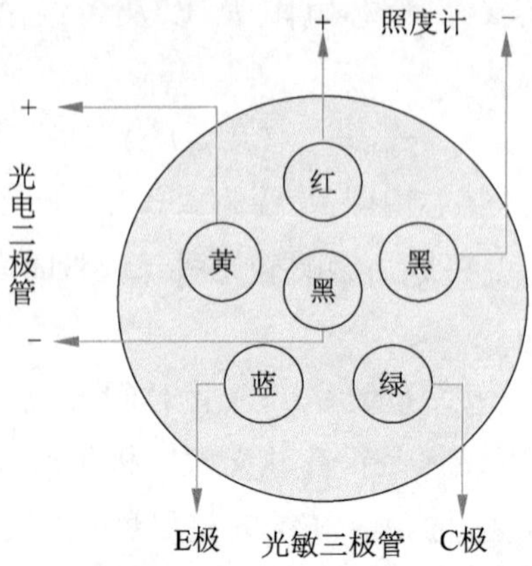

图 3-8　套筒（光电二极管、光电三极管）上端盖护套插座分布图

（2）按照图 3-9 连接导线，并将脉冲发生单元 S1，S2，S3 开关拨向下，R_L 为保护电阻，可选择适当电阻值（参考值1 kΩ，可根据情况更换其他阻值）。注：光敏二极管对应结构件端盖的黄色和中心黑色插孔，黄色为阳极 A，黑色为阴极 K。

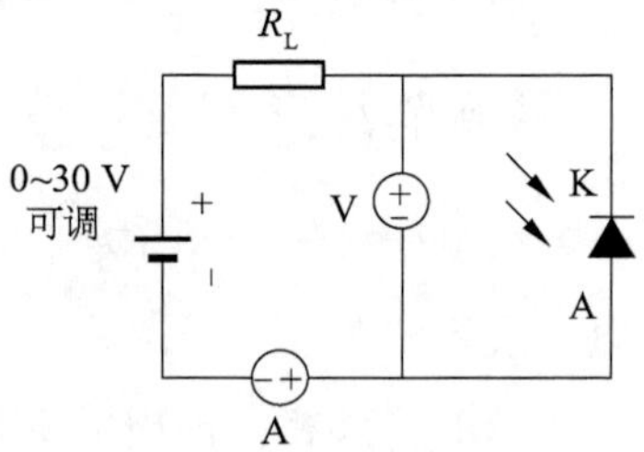

图 3-9　光敏二极管实验测量电路

（3）将电压表调至“20 V”挡，电流表调至“200 μA”挡（实验过程中根据实际数值变化，更换合适的挡位）。将“电源调节”旋钮逆时针旋至不可调位置。

（4）打开电源开关，调节“电源调节”旋钮，使电压表示数为“10.00”V，此时电流即为 10 V 偏压时的光敏二极管暗电流。

（5）实验完成后电源，将“电源调节”旋钮逆时针旋至不可调位置，拆除导线并放置好。

2．光敏二极管光电流的测量

（1）实验测试电路及套筒接口如图 3-7、图 3-8 所示。

（2）按照图 3-9 连接导线，R_L 为保护电阻，可选择适当电阻值（参考值 1 kΩ，可根据情况更换其他阻值）。注：光敏二极管对应结构件端盖的黄色和中心黑色插孔，黄色为阳极 A，黑色为阴极 K。

（3）将照度计调至“200 Lx”挡，电压表调至“20 V”挡，电流表调至“200 μA”挡（实验过程中根据实际数值变化，更换合适的挡位）。将“电源调节”旋钮逆时针旋至不可调位置。

（4）打开实验平台电源，调节照度计“调零”旋钮，直到照度计显示“000.0”为止，关闭实验平台电源。

（5）连接光路单元结构红色插孔至照度计输入“+”插孔，连接光路单元结构黑色插

孔至照度计输入“GND”插孔。

（6）打开实验平台电源，按“照度加”或“照度减”调节，使照度计显示“100.0” Lx左右，调节“电源调节”旋钮，至电压表显示“10.00” V。此时电流表显示值即为照度100 Lx、电源偏压10 V时，光敏二极管的光电流值。

（7）将“电源调节”旋钮逆时针旋至不可调位置，关闭实验平台电源。

3. 光敏二极管光照特性的测试

（1）实验测试电路及套筒接口如图3-7、图3-8所示。

（2）按照图3-9连接导线，R_L为保护电阻，可选择适当电阻值（参考值1 kΩ，可根据情况更换其他阻值）。注：光敏二极管对应结构件端盖的黄色和中心黑色插孔，黄色为阳极A，黑色为阴极K。

（3）将照度计调至“200 Lx”挡，电压表调至“20 V”挡，电流表调至“200 μA”挡（实验过程中根据实际数值变化，更换合适的挡位）。将“电源调节”旋钮逆时针旋至不可调位置。

（4）打开实验平台电源，调节照度计“调零”旋钮，直到照度计显示“000.0”为止，调节“电源调节”旋钮至电压表显示“10.00” V，同时将此时电流表显示值记录于表3-1中，关闭实验平台电源。

（5）连接光路单元结构红色插孔至照度计输入“+”插孔，连接光路单元结构黑色插孔至照度计输入“GND”插孔。

（6）将全彩光源驱动开关S1，S2，S3全部拨向上，打开实验平台电源，保持电压表显示“10.00” V，按“照度减”或“照度加”按钮，使照度计依次显示0 Lx，50 Lx，100 Lx，150 Lx，200 Lx，250 Lx，300 Lx，350 Lx，400 Lx，450 Lx，500 Lx，550 Lx，同时分别将对应电流表显示值记录于表3-1中。

（7）按照表3-1记录的数据，绘制“照度-电流”关系曲线。

表3-1　光敏二极管光照特性测试数据记录表

照度/Lx	0	50	100	150	200	250	300	350	400	450	500	550
电流/μA												

（8）将“电源调节”旋钮逆时针旋至不可调位置，关闭实验平台电源。

4. 光敏二极管伏安特性的测试

（1）实验测试电路及套筒接口如图3-7、图3-8所示。

（2）按照图3-9连接导线，R_L为保护电阻，可选择适当电阻值（参考值1 kΩ，可根据情况更换其他阻值）。注：光敏二极管对应结构件端盖的黄色和中心黑色插孔，黄色为阳极A，黑色为阴极K。

（3）将照度计调至“200 Lx”挡，电压表调至“20 V”挡，电流表调至“200 μA”挡（实验过程中根据实际数值变化，更换合适的挡位）。将“电源调节”旋钮逆时针旋至不可调位置。

（4）打开实验平台电源，调节照度计“调零”旋钮，直到照度计显示“000.0”为止，关闭实验平台电源。

（5）连接光路单元结构红色插孔至照度计输入“+”插孔，连接光路单元结构黑色插孔至照度计输入“GND”插孔。

（6）打开实验平台电源，按“照度加”或“照度减”按钮，使照度计显示尽量接近“100.0”Lx。

（7）调节“电源调节”旋钮，使电压分别为0 V，1 V，2 V，3 V，4 V，5 V，6 V，7 V，8 V，9 V，10 V，将相应的电流值记录于表3-2中，并绘制“电压－电流”关系曲线。

表3-2　光敏二极管伏安特性测试数据记录表

电压/V	0	1	2	3	4	5	6	7	8	9	10
电流/μA											

（8）将“电源调节”旋钮逆时针旋至不可调位置，关闭实验平台电源。

5．光敏二极管光谱特性的测试

（1）实验测试电路及套筒接口如图3-7、图3-8所示。

（2）按照图3-9连接导线，R_L为保护电阻，可选择适当电阻值（参考值1 kΩ，可根据情况更换其他阻值）；注：光敏二极管对应结构件端盖的黄色和中心黑色插孔，黄色为阳极A，黑色为阴极K。

（3）将照度计调至“200 Lx”挡，电压表调至“20 V”挡，电流表调至“200 μA”挡（实验过程中根据实际数值变化，更换合适的挡位）。将“电源调节”旋钮逆时针旋至不可调位置。

（4）打开实验平台电源，调节照度计“调零”旋钮，直到照度计显示“000.0”为止，关闭实验平台电源。

（5）连接光路单元结构红色插孔至照度计输入“+”插孔，连接光路单元结构黑色插孔至照度计输入“GND”插孔。

（6）打开实验平台电源，调节“电源调节”旋钮，使电压表显示为“10.00”V。

（7）迅速按下“颜色切换”按钮，然后弹起，使“光源指示”显示为“1”，按“照度加”或“照度减”按钮，使照度计显示在“80.0”Lx左右。记录此时电流表显示值在表3-3中。

（8）按照步骤（7）调节“颜色切换”按钮至“光源指示”分别显示为“2”“3”“4”“5”“6”，调节对应光源下的照度至“80.0”Lx 左右，将各个光源在 80 Lx 照度下电流表显示值记录在表 3-3 中。

表 3-3　光敏二极管光谱特性测试数据记录表

光源标号	1（红色）	2（橙色）	3（黄色）	4（绿色）	5（青色）	6（蓝色）
电流/μA						

（9）将“电源调节”旋钮逆时针旋至不可调位置，关闭实验平台电源。

6. 光敏二极管灵敏度的测试

（1）实验测试电路及套筒接口如图 3-7、图 3-8 所示。

（2）按照图 3-9 连接导线，R_L 为保护电阻，可选择适当电阻值（参考值 1 kΩ，可根据情况更换其他阻值）。注：光敏二极管对应结构件端盖的黄色和中心黑色插孔，黄色为阳极 A，黑色为阴极 K。

（3）将照度计调至“200 Lx”挡，电压表调至“20 V”挡，电流表调至“200 μA”挡（实验过程中根据实际数值变化，更换合适的挡位）。将“电源调节”旋钮逆时针旋至不可调位置。

（4）打开实验平台电源，调节照度计“调零”旋钮，直到照度计显示“000.0”为止，关闭实验平台电源。

（5）连接光路单元结构红色插孔至照度计输入“+”插孔，连接光路单元结构黑色插孔至照度计输入“GND”插孔。

（6）打开实验平台电源，调节“电源调节”旋钮，使电压表显示为“10.00”V。

（7）迅速按下“颜色切换”按钮，然后弹起，使“光源指示”显示为“1”，按“照度加”或“照度减”按钮，使照度计显示达到最小值。

（8）将 S1，S2，S3 拨向上，记录此时的电流表显示值 I_1。

（9）将 S1 拨向下方，按“照度加”按钮，使照度计显示在“10.00”Lx 左右，记下此时电流表显示值 I_2。

（10）按公式 $S_i=\dfrac{I_2-I_1}{10}$ 计算该偏压下的光电二极管的红光电流灵敏度。

（11）将“电源调节”旋钮逆时针旋至不可调位置，关闭实验平台电源。

7. 光敏二极管时间特性的测试

（1）实验测试电路及套筒接口如图 3-7、图 3-8 所示，将脉冲发生单元的 S1，S2，S3 拨向下。

（2）按照图 3-10 连接导线，R_L 为保护电阻，可选择适当电阻值（参考值 100 kΩ，可根据情况更换其他阻值）。注：光敏二极管对应结构件端盖的黄色和中心黑色插孔，黄色为阳极 A，黑色为阴极 K。

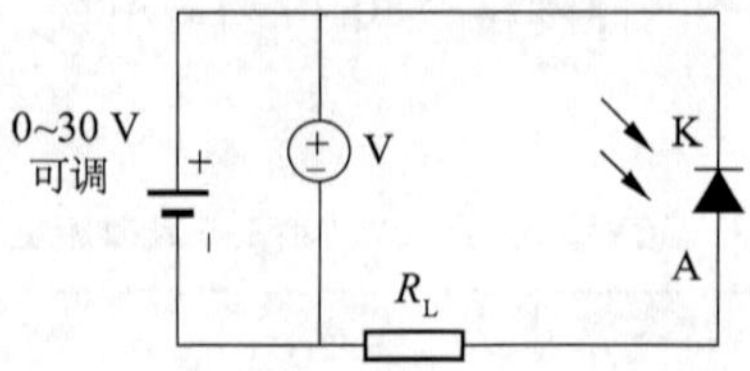

图 3-10　光敏二极管时间特性测试

（3）将照度计调至“200 Lx”挡，电压表调至“20 V”挡（实验过程中根据实际数值变化，更换合适的挡位）。将“电源调节”旋钮逆时针旋至不可调位置。

（4）用导线连接脉冲发生单元方波发生插孔 J10 与“R”“G”“B”插孔，连接脉冲发生单元“GND”与 0～30 V 可调电源“－”插孔。

（5）打开实验仪电源，调节“电源调节”旋钮使电压表示数为 10 V。

（6）用双通道示波器探头 1 测试方波发生插孔 J10，用双通道示波器探头 2 测试光路单元结构黄色插孔，调节“脉宽调节”使示波器测量波形稳定最佳，读出 2 通道的上升时间，此上升时间即为光敏二极管的时间响应特性参数。

注意：示波器地线若未接好，容易造成所测波形抖动。

（7）将“电源调节”旋钮逆时针旋至不可调位置，关闭实验平台电源。

【思考题】

（1）光敏二极管在应用时一般加反向偏压，其目的是什么？

实验四

光敏三极管特性测试

【实验目的】

（1）了解光敏三极管的工作原理、使用方法及用途。

（2）掌握光敏三极管的暗电流定义及其测试方法。

（3）掌握光敏三极管的光电流定义及其测试方法。

（4）掌握光敏三极管的光照特性及其测试方法。

（5）掌握光敏三极管的伏安特性定义及其测试方法。

（6）掌握光敏三极管的光谱特性定义及其测试方法。

（7）掌握光敏三极管灵敏度定义及其测试方法。

（8）掌握光敏三极管的时间特性定义及其测试方法。

【实验内容】

（1）光敏三极管暗电流的测量。

（2）光敏三极管光电流的测量。

（3）光敏三极管光照特性的测试。

（4）光敏三极管伏安特性的测试。

（5）光敏三极管光谱特性的测试。

（6）光敏三极管灵敏度的测试。

（7）光敏三极管时间特性的测试。

【实验仪器】

（1）实验平台（一台）；

（2）连接导线（若干）；

（3）全彩 LED 光源（一套）；

(4) 光敏三极管结构件（一套）；
(5) 光源输出及测量模块（一块）；
(6) 电子器件模块一（一块）；
(7) 示波器（一台）。

【实验原理】

1. 光敏三极管

光敏三极管与普通双晶体管十分相似，不同之处是光敏三极管必须有一个对光敏感的PN结作为感光面，一般用集电结作为受光结，因此，光敏三极管实质上是一种相当于在基极和集电极之间接有光敏二极管的普通三极管。其结构与一般晶体管类似，但也有其特殊的地方。如图4-1a所示，图中e，b，c分别表示光敏三极管的发射极、基极和集电极。正常工作时保证集电结（b－c结）为反偏压状态，并作为受光结（即基区为光照区）。光敏三极管通常有NPN型和PNP型两种结构，常用的材料有硅和锗。例如用硅材料制作的NPN型结构有3DU型，PNP型结构有3GU型，本实验系统中使用3DU型。采用硅的NPN型光敏三极管暗电流比锗光敏三极管小，且其受温度变化影响小。

光敏三极管的工作有两个过程：一是光电转换，二是光电流放大。光电转换过程是在集电结内进行，与一般光敏二极管工作过程相同。当集电极加上相对于发射极为正向电压而基极开路时（见图4-1b），则集电结处于反向偏压状态。无光照时，由于热激发而产生的少数载流子，电子从基极进入集电极，空穴则从集电极移向基极，在外电路中有电流（即暗电流）流过。当光照射基区时，在该区产生电子－空穴对，光生电子在内电场作用下漂移到集电极，形成光电流，这一过程类似于光敏二极管。与此同时，空穴则留在基区，使基区的电位升高，发射极便有大量电子经基极流向集电极，总的集电极电流为

$$I_c = I_p + \beta I_p = (1+\beta)\ I_p \tag{4-1}$$

式中，β为共发射极电流放大倍数。因此，光敏三极管等效于一个光敏二极管与一般晶体基极－集电极结的并联。它是把基极－集电极光敏二极管的电流（光电流I_P）放大β倍的光伏探测器，可用图4-1c来表示。

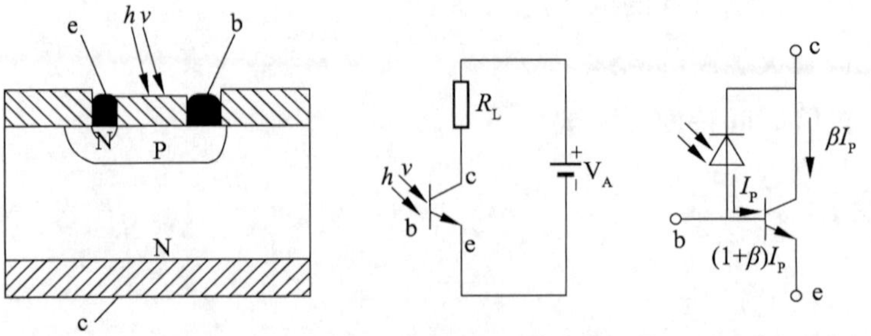

(a) 结构示意图放大作用　　(b) 光电变换原理　　(c) 电流放大作用

图4-1　光敏三极管结构及工作原理

图 4-2c 显示出了光敏三极管的暗电流与温度的关系。由于晶体管的放大作用，基极开路时的暗电流及它随温度上升的趋势都比光敏二极管大。

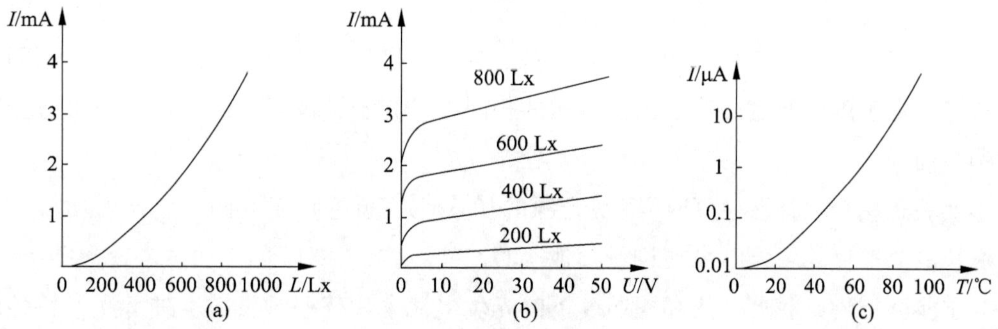

图 4-2 光敏三极管特性

2. 光敏三极管光照特性

光敏三极管的工作有两个过程：一是光电转换，二是光电流放大。与光敏二极管最大的差别在于其光电流的放大作用。在上次光电流测量实验中，在同样照度下，明显可看到光敏三极管的光生电流要大于光敏二极管的光生电流。关于这一点，在光敏三极管的等效电路中可以看出，如图 4-3 所示。

这主要是光敏三极管的电流放大作用导致的，光敏三极管的光电流相当于光敏二极管光电流放大 β 倍之后的输出电流。

3. 光敏三极管伏安特性

同光敏二极管一样，在一定照度下，加在光敏三极管集电极和发射极之间的电压与光生电流的关系曲线叫作光敏三极管在该照度下的伏安特性曲线。本实验采用如图 4-4 所示的电路测量光敏三极管的伏安特性曲线，负载电阻 R_L 与电流表的内阻忽略不计。

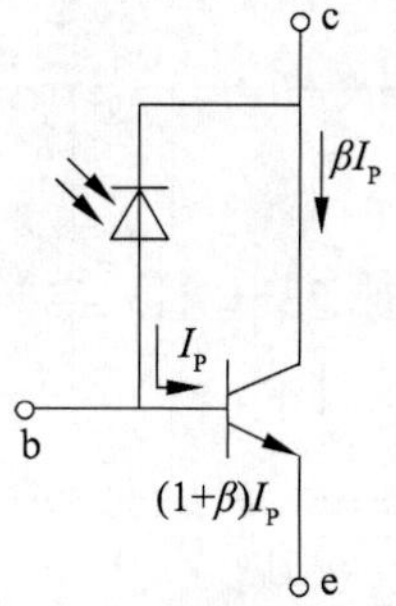

图 4-3 光敏三极管等效电路

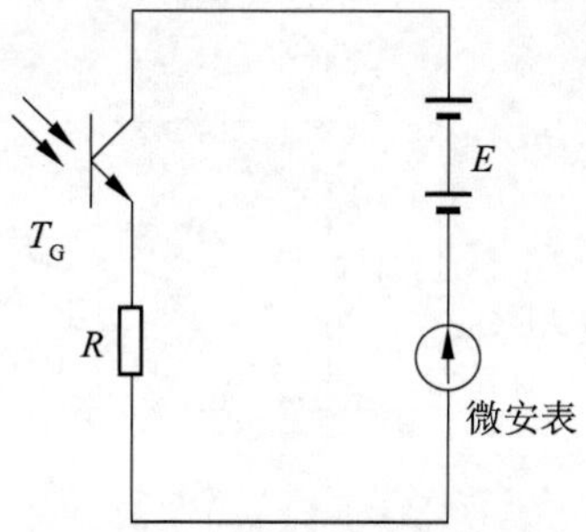

图 4-4 光敏三极管伏安特性测量电路

4. 光敏三极管光谱特性

光敏三极管对不同波长的光，接收灵敏度是不一样的，它有一个峰值响应波长，当入射光的波长大于峰值响应波长时，其相对灵敏度要下降。当入射光的波长大于某波长（长波长）时，由于入射光子的能量太小，不足以激发电子从价带跃迁到导带产生电子－空穴对；而当入射光的波长小于峰值响应波长时，其相对灵敏度也要下降，这时由于光子在半导体表面附近就被吸收，在表面激发的电子－空穴对不能到达 PN 结，因此其相对灵敏度下降。

同光敏二极管的光谱特性相同，光敏三极管的光谱特性是指光的波长对照度相同的对应波长光的灵敏度的绘制曲线。由于本质的相同，硅光敏三极管同硅光敏二极管有相同的光谱响应曲线。

本实验采用全数控彩色 LED 实现光源的切换，各颜色照度可调，且自由切换。同时各个波长的光照度均可调，方便进行其他实验。

为了实验方便，我们采用相同照度下的光生电流来代替相对灵敏度进行光谱特性曲线实验，并进行光谱特性曲线的绘制，由于采用的入射光照度相同，故不会影响光谱特性曲线的走势。

5. 光敏三极管灵敏度

同光敏二极管相比，光敏三极管多了电流放大的作用，实际的光生电流应该是光敏二极管的 β 倍，因此灵敏度也较光敏二极管要高。与光敏二极管类似，光敏三极管的灵敏度是指峰值波长入射光的灵敏度。

本实验所用光敏三极管为硅管，采用红光作为光敏三极管灵敏度测量的光源。

6. 光敏三极管光谱特性

光敏三极管的时间响应、常与 PN 结的结构及偏置电路等参数有关。

图 4-5a 为光敏三极管光谱特性测试电路，图 4-5b 为其微变等效电路。分析等效电路不难看出，由电流源 I_p、发射结电阻 R_{be}、发射结电容 C_{be} 和集电结电容 C_{bc} 构成的部分等效电路为光敏二极管的等效电路，其表明光敏三极管的等效电路是在光敏二极管等效电路基础上增加了电流源 I_c、集－射结电阻 R_{ce}、电容 C_{ce} 和输出负载电阻 R_L。

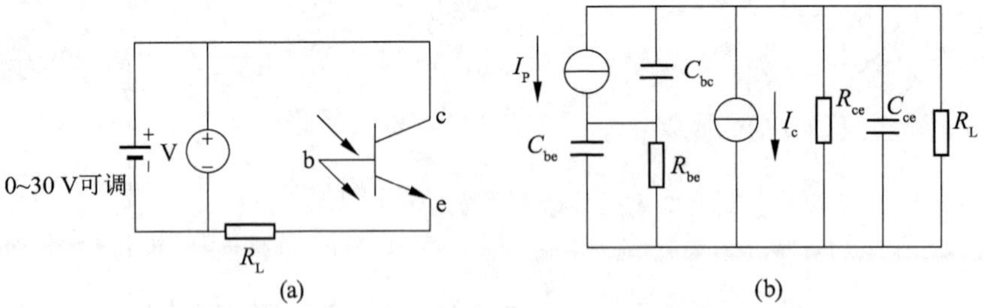

图 4-5　光敏三极管光谱特性测试电路

选择适当的负载电阻，使其满足 $R_L < R_{ce}$，这时可以导出光敏三极管电路的输出电压为

$$U_o = \frac{\beta R_L I_p}{(I + \omega^2 r_{be}^2 C_{be}^2)^{1/2}\ (1 + \omega^2 R_L^2 C_{ce}^2)^{1/2}} \tag{4-3}$$

可见，光电三极管的时间响应由以下四部分组成：

（1）光生载流子对发射结电容 C_{be} 和集电结电容 C_{bc} 的充放电时间。

（2）光生载流子渡越基区所需要的时间。

（3）光生载流子被收集到集电极的时间。

（4）输出电路的等效负载电阻 R_L 与等效电容 C_{ce} 所构成的 RC 延迟时间。

总时间常数为上述四项之和，因此它比光敏二极管的响应时间要长得多。

光敏三极管常用于各种光电控制系统，其输入信号多为光脉冲信号，属于大信号或开关信号，因而光敏三极管的时间响应是非常重要的参数，直接影响光敏三极管的质量。

为了提高光敏三极管的时间响应速度，应尽可能地减小发射结阻容时间常数 $R_{be}C_{be}$ 和时间常数 R_LC_{ce}。即，一方面在工艺上设法减小结电容 C_{be} 和 C_{ce}；另一方面要合理选择负载电阻 R_L，尤其在高频应用的情况下应尽量降低负载电阻 R_L。

【实验注意事项】

（1）打开电源之前，将两个“电源调节”旋钮逆时针调至底端。

（2）实验操作中不要带电插拔导线，应该在熟悉原理后，按照电路图连接，检查无误后，方可打开电源进行实验。

（3）若照度计、电流表或电压表显示为“1_ ”，说明超出量程，应选择合适的量程再测量。

（4）严禁将任何电源对地短路。

【实验步骤】

1. 光敏三极管暗电流的测量

（1）实验测试电路及套筒接口如图 4-6、图 4-7 所示（注意：实验前注意查看套筒是否与实验内容相符，如不相符，需要更换对应探测器套筒。更换方法：直接将不符的套筒拧下，换上实验对应的套筒）。

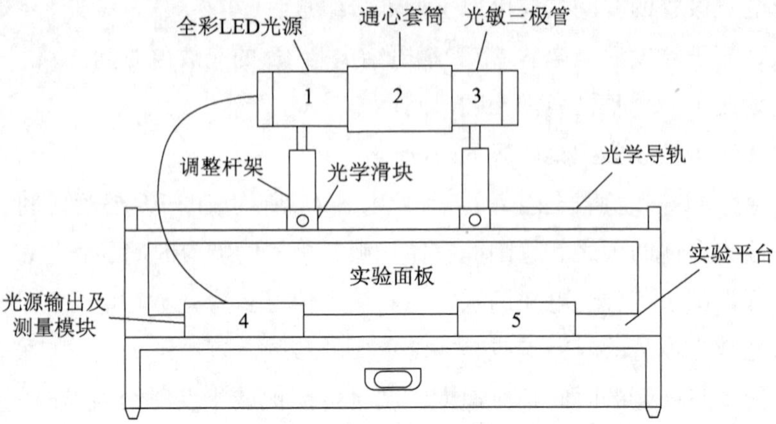

图 4-6　光路结构示意图

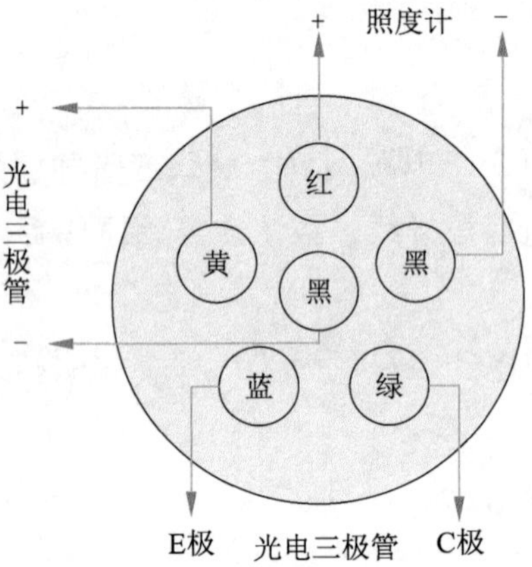

图 4-7　套筒（光电二极管、光电三极管）上端盖护套插座分布图

（2）按照图 4-8 连接导线，并将脉冲发生单元 S1，S2，S3 开关拨向下，R_L 为保护电阻，可选择适当电阻值（参考值 1 kΩ，可根据情况更换其他阻值）。注：光敏三极管对应结构件端盖的绿色和蓝色插孔，绿色为 C 极，蓝色为 E 极。

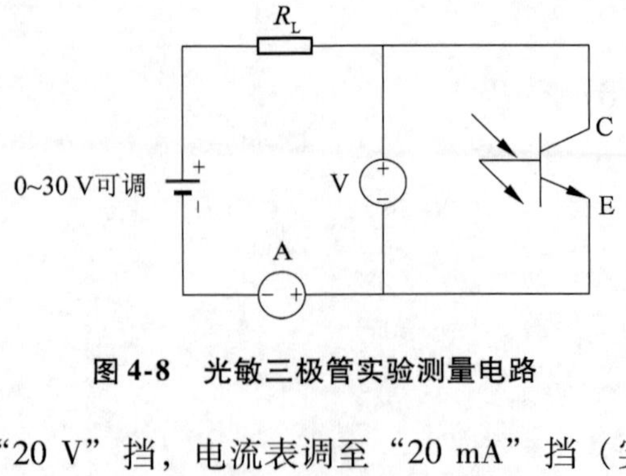

图 4-8　光敏三极管实验测量电路

（3）将电压表调至“20 V”挡，电流表调至“20 mA”挡（实验过程中根据实际数值变化，更换合适的挡位）。将“电源调节”旋钮逆时针旋至不可调位置。

（4）打开电源，调节“0～30 V 电源调节”旋钮，使电压表显示数为 5 V，此时电流表显示数即为光敏三极管电流暗电流值。

（5）实验完成后关闭主台体电源，将“电源调节”旋钮逆时针旋至不可调位置，拆除导线并放置好。

2．光敏三极管光电流的测量

（1）实验测试电路及套筒接口如图 4-6、图 4-7 所示。

（2）按照图 4-8 连接导线，并将脉冲发生单元 S1，S2，S3 开关拨向上，R_L 为保护电阻，可选择适当电阻值（参考值 1 kΩ，可根据情况更换其他阻值）。注：光敏三极管对应结构件端盖的绿色和蓝色插孔，绿色为 C 极，蓝色为 E 极。

（3）将照度计调至“200 Lx”挡，电压表调至“20 V”挡，电流表调至“200 mA”挡（实验过程中根据实际数值变化，更换合适的挡位）。将“电源调节”旋钮逆时针旋至不可调位置。

（4）打开实验平台电源，调节照度计“调零”旋钮，直到照度计显示“000.0”为止，关闭实验平台电源。

（5）连接光路单元结构红色插孔至照度计输入“＋”插孔，连接光路单元结构黑色插孔至照度计输入“GND”插孔。

（6）打开实验平台电源，按“照度加”或“照度减”调节，使照度计显示“100.0”Lx 左右，调节“电源调节”旋钮，至电压表显示“5.00”V。此时电流表显示值即为照度为 100 Lx、电源偏压 5 V 时，光敏三极管的光电流值。

（7）将“电源调节”旋钮逆时针旋至不可调位置，关闭实验平台电源。

3．光敏三极管光照特性的测试

（1）实验测试电路及套筒接口如图 4-6、图 4-7 所示。

（2）按照图 4-8 连接导线，并将脉冲发生单元 S1，S2，S3 开关拨向上，R_L 为保护电阻，可选择适当电阻值（参考值 1 kΩ，可根据情况更换其他阻值）。注：光敏三极管对应结构件端盖的绿色和蓝色插孔，绿色为 C 极，蓝色为 E 极。

（3）将照度计调至“200 Lx”挡，电压表调至“20 V”挡，电流表调至“200 mA”挡（实验过程中根据实际数值变化，更换合适的挡位）。将“电源调节”旋钮逆时针旋至不可调位置。

（4）打开实验平台电源，调节照度计“调零”旋钮，直到照度计显示“000.0”为止，调节“电源调节”旋钮至电压表显示“5.00”V，记录此时电流表显示值于表 4-1 中，关闭实验平台电源。

（5）连接光路单元结构红色插孔至照度计输入“＋”插孔，连接光路单元结构黑色插孔至照度计输入“GND”插孔。

（6）打开实验平台电源，保持电压表显示“5.00”V，按“照度减”或“照度加”按钮，使照度计依次显示 0 Lx，50 Lx，100 Lx，150 Lx，200 Lx，250 Lx，300 Lx，350 Lx，400 Lx，450 Lx，500 Lx，550 Lx，同时分别记录对应电流表显示值于表 4-1 中。

（7）按照表 4-1 记录的数据，绘制“照度－电流”关系曲线。

表 4-1　光敏三极管光照特性测试数据记录表

照度/Lx	0	50	100	150	200	250	300	350	400	450	500	550
电流/mA												

（8）将“电源调节”旋钮逆时针旋至不可调位置，关闭实验平台电源。

4. 光敏三极管伏安特性的测试

（1）实验测试电路及套筒接口如图 4-6、图 4-7 所示。

（2）按照图 4-8 连接导线，并将脉冲发生单元 S1，S2，S3 开关拨向上，R_L 为保护电阻，可选择适当电阻值（参考值 1 kΩ，可根据情况更换其他阻值）。注：光敏三极管对应结构件端盖的绿色和蓝色插孔，绿色为 C 极，蓝色为 E 极。

（3）将照度计调至“200 Lx”挡，电压表调至“20 V”挡，电流表调至“200 mA”挡（实验过程中根据实际数值变化，更换合适的挡位）。将“电源调节”旋钮逆时针旋至不可调位置。

（4）打开实验平台电源，调节照度计“调零”旋钮，直到照度计显示“000.0”为止，关闭实验平台电源。

（5）连接光路单元结构红色插孔至照度计输入“＋”插孔，连接光路单元结构黑色插孔至照度计输入“GND”插孔。

（6）打开实验平台电源，按“照度加”或“照度减”按钮，使照度计显示尽量接近“100.0”Lx。

（7）调节“电源调节”旋钮，使电压分别为 0 V，1 V，2 V，3 V，4 V，5 V，6 V，7 V，8 V，9 V，10 V，分别记录相应电流表显示值于表 4-2 中，并绘制“电压－电流”关系曲线。

表 4-2　光敏三极管伏安特性测试数据记录表

电压/V	0	1	2	3	4	5	6	7	8	9	10
电流/mA											

（8）将“电源调节”旋钮逆时针旋至不可调位置，关闭实验平台电源。

5. 光敏三极管光谱特性的测试

（1）实验测试电路及套筒接口如图 4-6、图 4-7 所示。

（2）按照图 4-8 连接导线，R_L 为保护电阻，可选择适当电阻值（参考值 1 kΩ，可根据情况更换其他阻值）。注：光敏三极管对应结构件端盖的绿色和蓝色插孔，绿色为 C 极，蓝色为 E 极。

（3）将照度计调至“200 Lx”挡，电压表调至“20 V”挡，电流表调至“200 mA”挡（实验过程中根据实际数值变化，更换合适的挡位）。将“电源调节”旋钮逆时针旋至不可调位置。

（4）打开实验平台电源，调节照度计“调零”旋钮，直到照度计显示“000.0”为止，关闭实验平台电源。

（5）连接光路单元结构红色插孔至照度计输入“+”插孔，连接光路单元结构黑色插孔至照度计输入“GND”插孔。

（6）打开实验平台电源，调节“电源调节”旋钮，使电压表示数为“5.00”V。

（7）迅速按下“颜色切换”按钮，然后弹起，使“光源指示”显示为“1”，按“照度加”或“照度减”按钮，使照度计显示在“80.0”Lx 左右。记录此时电流表示值于表 4-3 中。

（8）按照步骤（7）调节“颜色切换”按钮至“光源指示”分别显示“2”“3”“4”“5”“6”，调节对应光源下的照度至“80.0”Lx 左右，同时记下各个光源在 80 Lx 照度下电流表的显示值，记录在表 4-3 中。

表 4-3　光敏三极管光谱特性测试数据记录表

光源标号	1（红色）	2（橙色）	3（黄色）	4（绿色）	5（青色）	6（蓝色）
电流/μA						

（9）将“电源调节”旋钮逆时针旋至不可调位置，关闭实验平台电源。

6. 光敏三极管灵敏度的测试

（1）实验测试电路及套筒接口如图 4-6、图 4-7 所示。

（2）按照图 4-8 连接导线，R_L 为保护电阻，可选择适当电阻值（参考值 1 kΩ，可根据情况更换其他阻值）。注：光敏三极管对应结构件端盖的绿色和蓝色插孔，绿色为 C 极，蓝色为 E 极。

（3）将照度计调至“200 Lx”挡，电压表调至“20 V”挡，电流表调至“200 mA”挡（实验过程中根据实际数值变化，更换合适的挡位）。将“电源调节”旋钮逆时针旋至不可调位置。

（4）打开实验平台电源，调节照度计“调零”旋钮，直到照度计显示“000.0”为止，关闭实验平台电源。

（5）连接光路单元结构红色插孔至照度计输入“+”插孔，连接光路单元结构黑色插

孔至照度计输入“GND”插孔。

(6) 打开实验平台电源，调节“电源调节”旋钮，使电压表显示为“5.00”V。

(7) 迅速按下“颜色切换”按钮，然后弹起，使“光源指示”显示为“1”，按“照度加”或“照度减”按钮，使照度计显示值达到最小值。

(8) 将 S1，S2，S3 拨向上方，记录此时的电流表显示值 I_1。

(9) 将 S1 拨向下方，按“照度加”按钮，使照度计显示在“10.00”Lx 左右。记下此时电流表显示值 I_2。

(10) 按公式 $S_i = \frac{I_2 - I_1}{10}$ 计算该偏压下的光敏三极管的红光电流灵敏度。

(11) 将“电源调节”旋钮逆时针旋至不可调位置，关闭实验平台电源。

7. 光敏三极管时间特性的测试

(1) 实验测试电路及套筒接口如图 4-6、图 4-7 所示，将脉冲发生单元的 S1，S2，S3 拨向下。

(2) 按照图 4-8 连接导线，R_L 为保护电阻，可选择适当电阻值（参考值 10 kΩ，可根据情况更换其他阻值）。注：光敏三极管对应结构件端盖的绿色和蓝色插孔，绿色为 C 极，蓝色为 E 极。

(3) 将电压表调至“20 V”挡，电流表调至“200 mA”挡（实验过程中根据实际数值变化，更换合适的挡位）。将“电源调节”旋钮逆时针旋至不可调位置。

(4) 用导线连接脉冲发生单元方波发生插孔 J10 与“R”“G”“B”插孔，连接脉冲发生单元“GND”与 0 ~ 30 V 可调电源“ - ”插孔。

(5) 打开实验仪电源，调节“电源调节”旋钮，使电压表显示数为 5 V。

(6) 用双通道示波器探头 1 测试方波发生插孔 J10，用双通道示波器探头 2 测试光路单元结构绿色插孔，调节“脉宽调节”旋钮，使示波器输出波形稳定最佳，读出 2 通道的上升时间，此上升时间即为光敏三极管的时间响应特性参数。

注意：示波器地线若未接好，容易造成所测波形抖动。

(7) 将“电源调节”旋钮逆时针旋至不可调位置，关闭实验平台电源。

【思考题】

(1) 光敏三极管与光敏二极管在工作原理上有何异同？与普通三极管有何差别？

(2) 根据实验结果，试分析光敏三极管与光敏二极管的伏安特性有何不同之处？

实验五

硅光电池特性测试

【实验目的】

(1) 了解硅光电池的工作原理和使用方法及用途。

(2) 掌握硅光电池短路电流的定义及其测试方法。

(3) 掌握硅光电池开路电压的定义及其测试方法。

(4) 掌握硅光电池零偏、反偏时光照－电流特性测量方法。

(5) 掌握硅光电池光照特性测量方法。

(6) 掌握硅光电池伏安特性测量方法。

(7) 掌握硅光电池光谱特性测量方法。

(8) 掌握硅光电池时间响应特性测量方法。

【实验内容】

(1) 硅光电池短路电流的测量。

(2) 硅光电池开路电压的测量。

(3) 硅光电池光电特性的测试。

(4) 硅光电池光照特性的测试。

(5) 硅光电池伏安特性的测试。

(6) 硅光电池光谱特性的测试。

(7) 硅光电池时间响应特性的测试。

【实验仪器】

(1) 实验平台（一台）；

(2) 连接导线（若干）；

(3) 全彩 LED 光源（一套）；

（4）硅光电池结构件（一套）；
（5）光源输出及测量模块（一块）；
（6）电子器件模块一（一块）；
（7）示波器（一台）。

【实验原理】

1. 硅光电池的基本原理

硅光电池是一种直接将光能转换为电能的光电器件。硅光电池在有光线作用时实质就是电源，电路中有了这种器件就不需要外加电源。

硅光电池的工作原理基于“光生伏特效应”，它实质上是一个大面积的 PN 结，当光照射到 PN 结的一个面，例如 P 型面时，若光子能量大于半导体材料的禁带宽度，那么 P 型区每吸收一个光子就产生一对自由电子和空穴，电子－空穴对从表面向内迅速扩散，在结电场的作用下，最后建立一个与光照强度有关的电动势。图 5-1 是硅光电池原理图，其中图 5-1a 为结构示意图，图 5-1b 为等效电路。

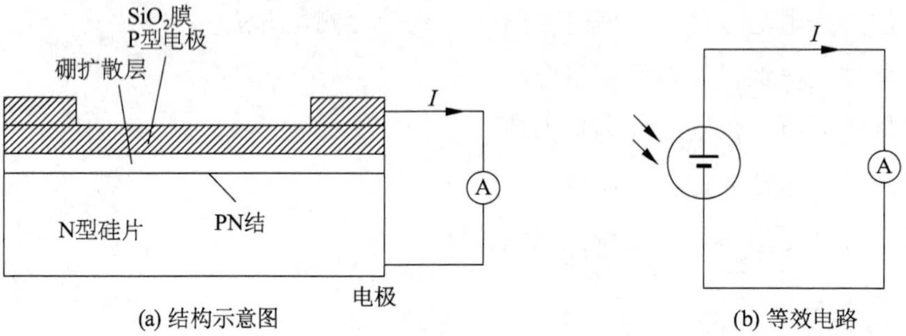

图 5-1　硅光电池原理图

在一定光照条件下，光电池被短路（负载电阻 $R=0$）时，所输出的光电流值称为短路光电流。

2. 硅光电池光电特性

硅光电池是一个大面积的光电二极管，它可把入射到它表面的光能转化为电能。当有光照时，入射光子将把处于介带中的束缚电子激发到导带，激发出的电子－空穴对在内电场作用下分别漂移到 N 型区和 P 型区，当在 PN 结两端加负载时就有一光生电流流过负载。PN 结两端的电流为

$$I=I_s\left(e^{ev/KT}-1\right)-I_P \tag{5-1}$$

光电池处于零偏时，$V=0$，流过 PN 结的电流 $I=-I_P$；光电池处于反偏时（实验中取 $V=-5\ V$），流过 PN 结的电流 $I=-I_P-I_s$；当光电池用作光电转换器时，必须处于零偏或反偏状态。

3．硅光电池光照特性

这里讨论的光电池的光照特性，用入射光强－电流电压特性和入射光强－负载特性来描述。

入射光强－电流电压特性描述的是开路电压 V_{OC} 和短开路电流 I_{SC} 随入射光强变化的规律，如图 5-2 所示。其中，V_{OC} 随入射光强按对数规律变化，I_{SC} 与入射光强呈线性关系。

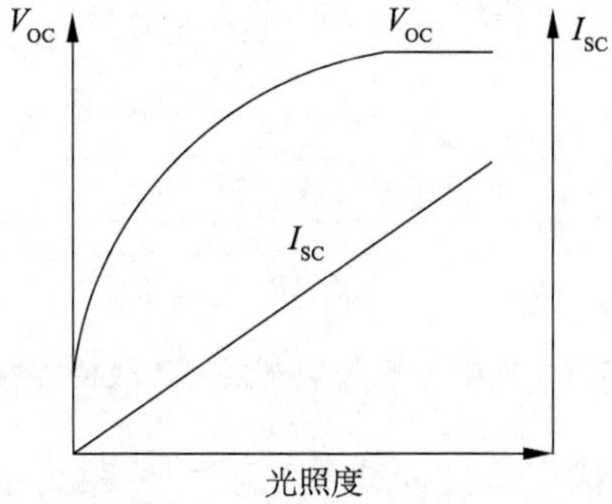

图 5-2　光电池的入射光强－电流电压特性曲线

光电池用作探测器时，通常是以电流源形式使用，总要接负载电阻 R_L，这时电流记作 I_{LC}，它与入射光强不再呈线性关系，R_L 相对光电池内阻 R_d 越大，线性范围越小，如图 5-3 所示。

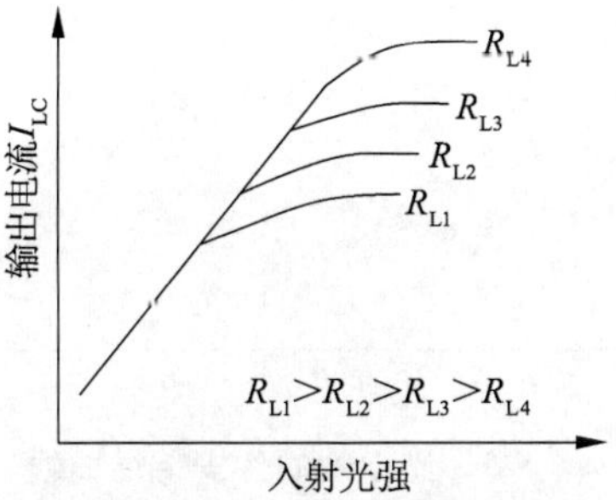

图 5-3　光电池的入射光强－电流－负载特性曲线

4．硅光电池伏安特性

入射光强－负载特性描述的是在相同照度下，输出电压、输出电流、输出功率随负载变化的规律，如图 5-4 所示。

当 $R_L \ll R_d$ 时，可近似看作短路，输出电流为 I_{SC}，与入射光强成正比，R_L 越小，线性度越好，线性范围越大。

当 R_L 为 ∞ 时，可近似看作开路，输出电压为 V_{OC}。

随着 R_L 的变化，输出功率也在变化，当 $R_L = R_M$ 时，输出功率最大，R_M 称最佳负载。

无光照时，光电池伏安特性曲线与普通半导体二极管相同；有光照时，曲线沿电流轴方向平移，平移幅度与光照度成正比。曲线与电压轴的交点称为开路电压 V_{OC}，与电流轴的交点称为短路电流 I_{SC}。

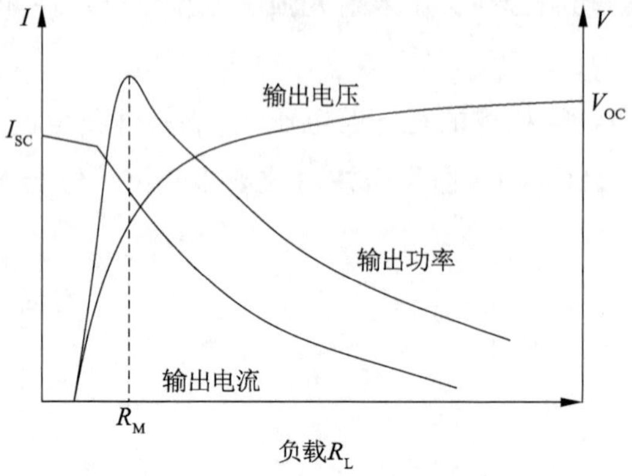

图 5-4　光电池的入射光强－负载特性曲线

图 5-5 给出了硅光电池的伏安特性曲线。它表示负载为电阻时，受光照射的硅光电池输出电压与电流的关系。负载的斜率由负载电阻决定，负载线与伏安特性曲线的交点 M 为工作点。负载电阻 R_L 从硅光电池获得的最大功率为 $P_m = I_m \cdot U_m$。

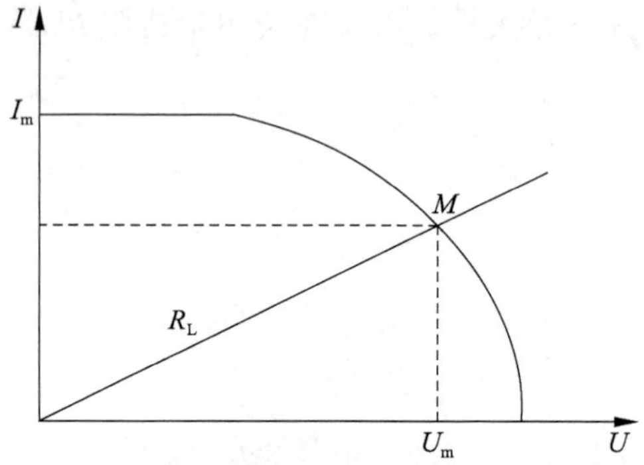

图 5-5　光电池的伏安特性曲线

5．硅光电池光谱特性

硅光电池的光谱特性取决于其所采用的材料。硅光电池在可见光谱范围内有较高的灵敏度，峰值波长在 540 nm 附近，它适宜于测量可见光。如果硅光电池与适当的滤光片配合，它的光谱灵敏度与人眼很接近，可用它客观地决定照度。硅光电池可以应用的范围是 400～1100 nm，峰值波长在 850 nm 附近。硅光电池的光谱峰值位置不仅与制造光电池的材料有关，也和制造工艺有关，并且随使用温度的不同而有所移动。

6．硅光电池时间响应特性

光电器件信号的产生和消失不能随着光强改变而立刻变化，会有一定的惰性，这种惰性通常用时间常数 τ 表示。即当入射辐射到光电探测器后或入射辐射遮断后，光电探测器的输出升到稳定值或下降到照射前的值所需时间，称为响应时间。

【实验注意事项】

（1）打开电源之前，将两个“电源调节”旋钮逆时针调至底端。

（2）实验操作中不要带电插拔导线，应该在熟悉原理后，按照电路图连接，检查无误后，方可打开电源进行实验。

（3）若照度计、电流表或电压表显示为“1_ ”，说明超出量程，应选择合适的量程再测量。

（4）严禁将任何电源对地短路。

【实验步骤】

1. 硅光电池短路电流的测量

（1）实验测试电路及套筒接口如图 5-6、图 5-7 所示（注意：实验前注意查看套筒是否与实验内容相符，如不相符，需要更换对应的探测器套筒。更换方法：直接将不符的套筒拧下，换上实验对应的套筒）。

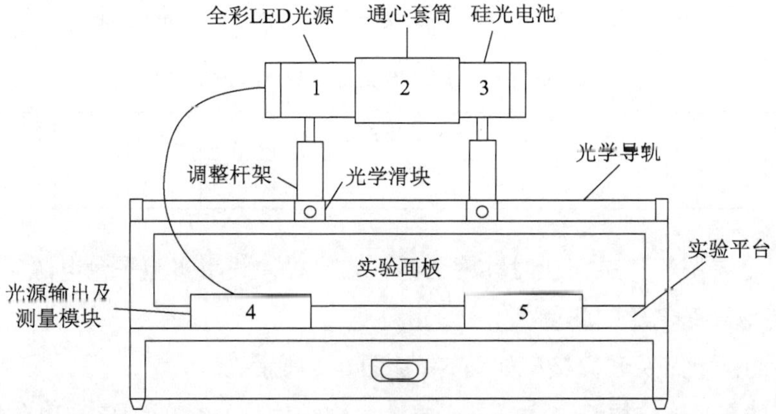

图 5-6　光路结构示意图

（2）按照图 5-8 连接导线。注：硅光电池对应结构件端盖的黄色和黑色插孔，黄色为阳极“ + ”，黑色为阴极“ - ”。

（3）将照度计调至“200 Lx”挡，电流表调至“200 μA”挡（实验过程中根据实际数值变化，更换合适的挡位）。将“电源调节”旋钮逆时针旋至不可调位置。

（4）打开实验平台电源，将全彩光源驱动开关 S1，S2，S3 全部拨向下，调节照度计“调零”旋钮，直到照度计显示“000. 0”为止，同时记录此时的电流表显示值于表 5-1 中，关闭实验平台电源。

（5）连接光路单元结构红色插孔至照度计输入“ + ”插孔，连接光路单元结构黑色插孔至照度计输入“GND”插孔。

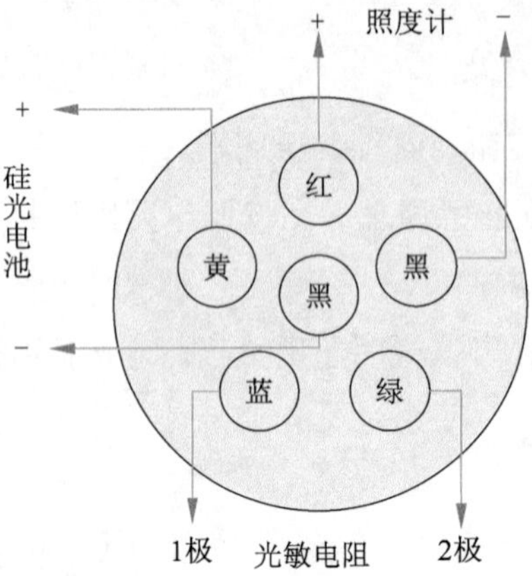

图 5-7　套筒（光敏电阻、硅光电池）上端盖护套插座分布图

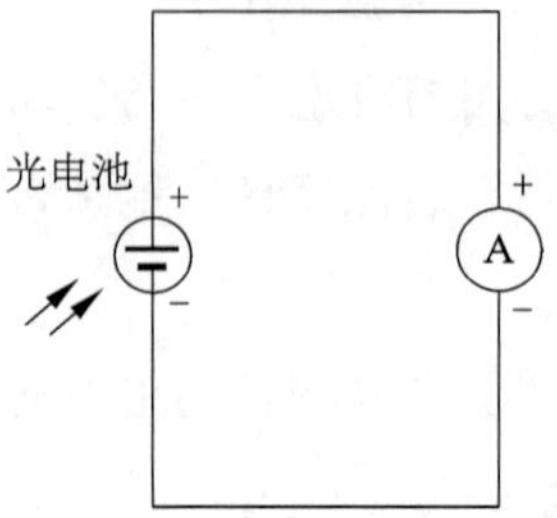

图 5-8　硅光电池短路电流测量电路

（6）将全彩光源驱动开关 S1，S2，S3 全部拨向上，打开实验平台电源，此时光源指示显示为“0”，按“照度减”或“照度加”按钮，使照度计依次显示 50 Lx，100 Lx，150 Lx，200 Lx，250 Lx，300 Lx，350 Lx，400 Lx，450 Lx，500 Lx，550Lx，同时分别记录对应的电流表显示值于表 5-1 中。

（7）按照表 5-1 记录的数据，绘制“照度－短路电流”关系曲线。

表 5-1　硅光电池短路电流特性测试数据记录表

照度/Lx	0	50	100	150	200	250	300	350	400	450	500	550
电流/μA												

（8）将“电源调节”旋钮逆时针旋至不可调位置，关闭实验平台电源。

2. 硅光电池开路电压的测量

（1）实验测试电路及套筒接口如图 5-6、图 5-7 所示。

（2）按照图 5-8 连接导线。注：硅光电池对应结构件端盖的黄色和黑色插孔，黄色为阳极“＋”，黑色为阴极“－”。

（3）将照度计调至“200 Lx”挡，电压表调至“20 V”挡（实验过程中根据实际数值变化，更换合适的挡位）。将“电源调节”旋钮逆时针旋至不可调位置。

（4）打开实验平台电源，将全彩光源驱动开关 S1，S2，S3 全部拨向下，调节照度计“调零”旋钮，直到照度计显示“000. 0”为止，同时记录此时电压表显示值于表 5-2 中，关闭实验平台电源。

（5）连接光路单元结构红色插孔至照度计输入“＋”插孔，连接光路单元结构黑色插孔至照度计输入“GND”插孔。

（6）将全彩光源驱动开关 S1，S2，S3 全部拨向上，打开实验平台电源，此时光源指示显示为“0”，按“照度减”或“照度加”按钮，使照度计依次显示 50 Lx，100 Lx，

150 Lx，200 Lx，250 Lx，300 Lx，350 Lx，400 Lx，450 Lx，500 Lx，550Lx，同时分别记录电压表显示值于表 5-2 中。

（7）按照表 5-2 记录的数据，绘制“照度－开路电压”关系曲线。

表 5-2　硅光电池开路电压特性测试数据记录表

照度/Lx	0	50	100	150	200	250	300	350	400	450	500	550
电压/mV												

（8）将“电源调节”旋钮逆时针旋至不可调位置，关闭实验平台电源。

3．硅光电池光电特性的测试

（1）实验测试电路及套筒接口如图 5-6、图 5-7 所示。

（2）按照图 5-9 连接导线，R 为保护电阻，可选择适当电阻值（参考值 1 kΩ，可根据情况更换其他阻值）。注：硅光电池对应结构件端盖的黄色和黑色插孔，黄色为阳极“＋”，黑色为阴极“－”。

（3）将照度计调至“200 Lx”档，电压表调至“20 V”挡，电流表调至“200 μA”挡（实验过程中根据实际数值变化，更换合适的挡位）。将“电源调节”旋钮逆时针旋至不可调位置。

（4）打开实验平台电源，将全彩光源驱动开关 S1，S2，S3 全部拨向下，调节照度计“调零”旋钮，直到照度计显示“000. 0”为止，关闭实验平台电源。

（5）连接光路单元结构红色插孔至照度计输入“＋”插孔，连接光路单元结构黑色插孔至照度计输入“GND”插孔。

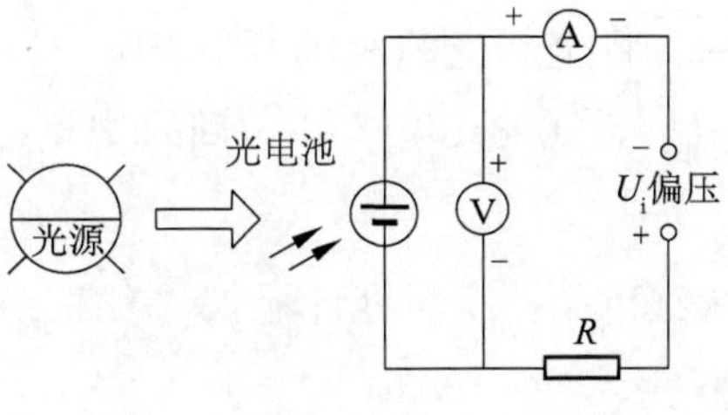

图 5-9　零偏、反偏时光照－电流特性测量电路

（6）将全彩光源驱动开关 S1，S2，S3 全部拨向上，打开实验平台电源，按“照度减”或“照度加”按钮，使照度计显示为 100 Lx。

（7）调节“电源调节”旋钮，测出偏压分别为 0 V，－1 V，－2 V，－3 V，－4 V，－5 V，－6 V，－7 V，－8 V，－9 V，－10 V 时硅光电池的光电流，将数据填入表 5-3 中，并做出在 100 Lx 光照度下的光电流－偏压曲线。

表 5-3　硅光电池光电特性测试数据记录表

偏压/V	0	-1	-2	-3	-4	-5	-6	-7	-8	-9	-10
光生电流/μA											

（8）实验完成后关闭所有电源，将“电源调节”旋钮逆时针旋至不可调位置，拆除导线并放置好。

4. 硅光电池光照特性的测试

（1）实验测试电路及套筒接口如图 5-6、图 5-7 所示。

（2）按照图 5-10 连接导线，R 为负载电阻，可选择适当电阻值（参考值 1 kΩ，可根据情况更换其他阻值）。注：硅光电池对应结构件端盖的黄色和黑色插孔，黄色为阳极“+”，黑色为阴极“-”。

（3）将照度计调至“200 Lx”挡，电压表调至“20 V”挡，电流表调至“200 μA”挡（实验过程中根据实际数值变化，更换合适的挡位）。将“电源调节”旋钮逆时针旋至不可调位置。

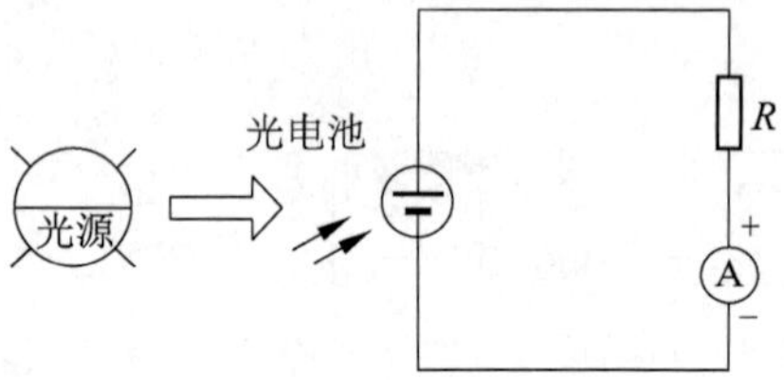

图 5-10　硅光电池光照特性测试电路

（4）打开实验平台电源，将全彩光源驱动开关 S1，S2，S3 全部拨向下，调节照度计“调零”旋钮，直到照度计显示“000. 0”为止，同时记录此时电流表显示值于表 5-4 中，关闭实验平台电源。

（5）连接光路单元结构红色插孔至照度计输入“+”插孔，连接光路单元结构黑色插孔至照度计输入“GND”插孔。

（6）将全彩光源驱动开关 S1，S2，S3 全部拨向上，打开实验平台电源，按“照度减”或“照度加”按钮，使照度计依次显示 0 Lx，50 Lx，100 Lx，150 Lx，200 Lx，同时分别记录对应电流表显示值于表 5-4 中。

（7）按表 5-4 所示更换负载，重复步骤（6），并作出硅光电池的电流随负载变化的电流-负载特性曲线。

表 5-4　硅光电光照特性测试数据记录表

照度值/Lx	负载/kΩ			
	2	10	47	100
0				
50				
100				
150				
200				

（8）实验完成后关闭所有电源，将“电压调节”旋钮逆时针旋至不可调位置，拆除导线并放置好。

5. 硅光电池伏安特性的测试

（1）实验测试电路及套筒接口如图 5-6、图 5-7 所示。

（2）按照图 5-11 连接导线，R 为负载电阻，可选择电阻箱。注：硅光电池对应结构件端盖的黄色和黑色插孔，黄色为阳极“+”，黑色为阴极“-”。

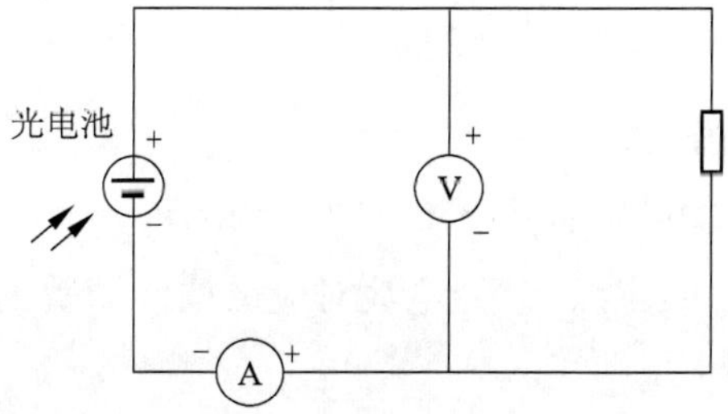

图 5-11　硅光电池伏安特性测量电路

（3）将照度计调至“200 Lx”挡，电压表调至“20 V”挡，电流表调至“200 μA”挡（实验过程中根据实际数值变化，更换合适的挡位）。将“电源调节”旋钮逆时针旋至不可调位置。

（4）打开实验平台电源，将全彩光源驱动开关 S1，S2，S3 全部拨向下，调节照度计“调零”旋钮，直到照度计显示“000.0”为止，关闭实验平台电源。

（5）连接光路单元结构红色插孔至照度计输入“+”插孔，连接光路单元结构黑色插孔至照度计输入“GND”插孔。

（6）将全彩光源驱动开关 S1，S2，S3 全部拨向上，打开实验平台电源，按“照度减”或“照度加”按钮，调节照度，同时记录对应的电流表、电压表显示值于表 5-5 中。

表 5-5 照度为 100 Lx 数据记录表

电阻 R/Ω	1	2	3	…	10	20	30	…	7k	8k	9k
电流/μA											
电压/mV											

（7）做出光电池在照度为 100 Lx 时的 $V-I$ 曲线。

（8）重复步骤（4）（5）（6），改变照度为 200 Lx，记录相应的电压表和电流表的读数填入表 5-6 中。

表 5-6 照度为 200 Lx 数据记录表

电阻 R/Ω	1	2	3	…	10	20	30	…	7k	8k	9k
电流/μA											
电压/mV											

（9）做出这两种不同照度下硅光电池的 $V-I$ 特性曲线，比较两条曲线的不同，并加以分析。

（10）实验完成后关闭所有电源，将“电压调节”旋钮逆时针旋至不可调位置，拆除导线并放置好。

6. 硅光电池光谱特性的测试

（1）实验测试电路及套筒接口如图 5-6、图 5-7 所示。

（2）按照图 5-8 连接导线。注：硅光电池对应结构件端盖的黄色和黑色插孔，黄色为阳极“+”，黑色为阴极“-”。

（3）将照度计调至“200 Lx”挡，电压表调至“20 V”挡，电流表调至“200 μA”挡（实验过程中根据实际数值变化，更换合适的挡位）。将“电源调节”旋钮逆时针旋至不可调位置。

（4）打开实验平台电源，将全彩光源驱动开关 S1，S2，S3 全部拨向下，调节照度计“调零”旋钮，直到照度计显示“000.0”为止，关闭实验平台电源。

（5）连接光路单元结构红色插孔至照度计输入“+”插孔，连接光路单元结构黑色插孔至照度计输入“GND”插孔。

（6）将全彩光源驱动开关 S1，S2，S3 全部拨向上，打开实验平台电源，迅速按下“颜色切换”按钮，然后弹起，使“光源指示”显示为“1”，按“照度加”或“照度减”按钮，使照度计显示在“100.0”Lx 左右。记录此时的电流表显示值于表 5-6 中。

（7）按照步骤（6）调节“颜色切换”按钮，使“光源指示”分别显示“2”“3”“4”“5”“6”，调节对应光源下的照度至“100.0”Lx 左右，同时记录各个光源在 100 Lx 照度下电流表显示值于表 5-7 中。

表 5-7　硅光电池光谱特性数据记录表

照度/Lx	光源指示					
	1	2	3	4	5	6
100						

注：记录光电流 I 的数据，单位 μA。

7．硅光电池时间响应特性的测试

（1）实验测试电路及套筒接口如图 5-6、图 5-7 所示。

（2）按照图 5-12 连接导线，R 为保护电阻，可选择适当电阻值（参考值 100 kΩ，可根据情况更换其他阻值）。注：硅光电池对应结构件端盖的黄色和黑色插孔，黄色为阳极“+”，黑色为阴极“－”。

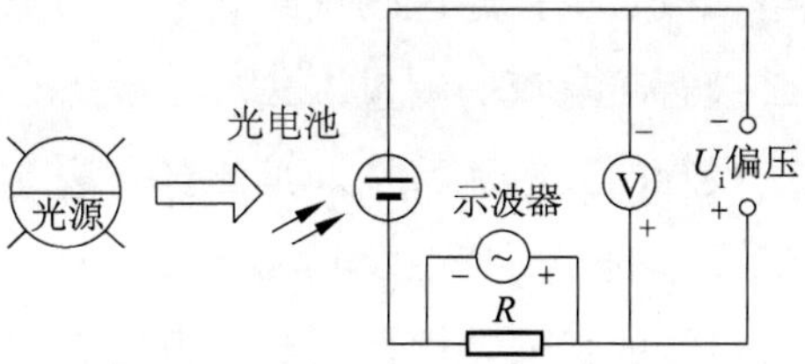

图 5-2　硅光电池时间响应特性测量电路

（3）将电压表调至“20 V”挡，电流表调至“200 mA”挡（实验过程中根据实际数值变化，更换合适的挡位）。将“电源调节”旋钮逆时针旋至不可调位置。

（4）用导线连接脉冲发生单元方波发生插孔 J10 与“R”“G”“B”插孔，将全彩光源驱动开关 S1，S2，S3 全部拨向下，连接脉冲发生单元“GND”与 0～30 V 可调电源“－”插孔。

（5）打开实验仪电源，调节“电源调节”旋钮，使电压表显示数为 10 V。

（6）用双通道示波器探头 1 测试方波发生插孔 J10，用双通道示波器探头 2 测试光路单元 R，调节“脉宽调节”，使示波器输出波形稳定最佳，读出 2 通道的上升时间，此上升时间即为硅光电池的时间响应特性参数。

注意：示波器地线若未接好，容易造成所测波形抖动。

（7）将“电源调节”旋钮逆时针旋至不可调位置，关闭实验平台电源。

【思考题】

（1）硅光电池的输出与入射光照射瞬间有没有滞后现象？可否用实验证明？

实验六

APD 雪崩光电二极管特性测试

【实验目的】

（1）加深对雪崩光电二极管工作原理的理解。

（2）掌握雪崩光电二极管暗电流的测量方法。

（3）掌握雪崩光电二极管的光电流特性及其测试方法。

（4）掌握雪崩光电二极管的光照特性及其测试方法。

（5）掌握雪崩光电二极管的伏安特性及其测试方法。

（6）掌握雪崩光电二极管的光谱特性及其测试方法。

（7）掌握雪崩光电二极管的灵敏度特性及其测试方法。

（8）掌握雪崩光电二极管的时间特性及其测试方法。

（9）掌握雪崩光电二极管的倍增特性及其测试方法。

【实验内容】

（1）APD 雪崩光电二极管暗电流的测量。

（2）APD 雪崩光电二极管光电流的测量。

（3）APD 雪崩光电二极管光照度特性的测试。

（4）APD 雪崩光电二极管伏安特性的测试。

（5）APD 雪崩光电二极管光谱特性的测试。

（6）APD 雪崩光电二极管灵敏度特性的测试。

（7）APD 雪崩光电二极管时间响应特性的测试。

（8）APD 雪崩光电二极管倍增特性的测试。

【实验仪器】

（1）实验平台（一台）；

（2）连接导线（若干）；

（3）光源输出及测量模块（一块）；

（4）LED 全彩光源（一套）；

（5）APD 光电二极管结构件（一套）；

（6）电子器件模块一（一块）。

【实验原理】

1. 雪崩光电二极管（APD）的结构

雪崩光电二极管（APD）的结构与 PIN 光电二极管的不同之处在于其增加了一个附加层，以实现碰撞电离产生二次电子 - 空穴对，在反向时夹在 I 层和 N 层间的 P 层中存在高电场，该层称为倍增区或增益区（雪崩区），耗尽层仍为 I 层，起产生一次电子 - 空穴对的作用。

目前光纤通信系统中，短波段主要采用 Si - APD，在长波段主要采用 Ge - APD。Si - APD 最典型的结构是拉通型 RAPD，如图 6-1 所示，有四层结构：高掺杂的 N^+ 型半导体，为接触层；P 型半导体，为倍增层（或称雪崩区）；轻掺杂半导体 π 层，为漂移区（光吸收区）；高掺杂的 P^+ 型半导体，为接触层。

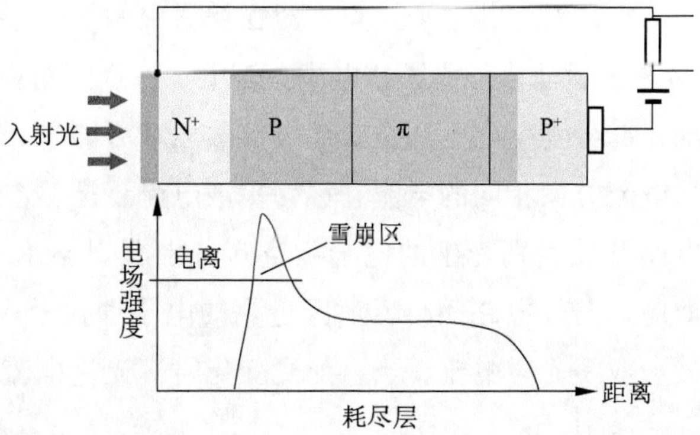

图 6-1　RAPD 的结构

2. 雪崩光电二极管的工作原理

下面分析 SAM - APD 的工作原理：

SAM - APD 有四层结构：高掺杂的 N^+ 型半导体，为接触层；P 型半导体，为倍增层（或称雪崩区）；轻掺杂半导体 I 层，为漂移区（光吸收区）；高掺杂的 P^+ 型半导体，为接触层。

当外加的反向偏压（100 ~ 150 V）比 PIN 情况下高得多时，这个电压几乎都降到 PN 结上。特别是在高阻的 PN 结附近，电场强度可高达 10^5 V/m，已经高出碰撞电离的电场。SAM - APD 在外加的反向偏压（50 ~ 150 V）下的场强分布如图 6-2 所示。

此时若光从 P^+ 区照射，则和 PIN 一样，大部分光子将在较厚的 I 层被吸收，产生电子－空穴对，如图 6-2 所示。

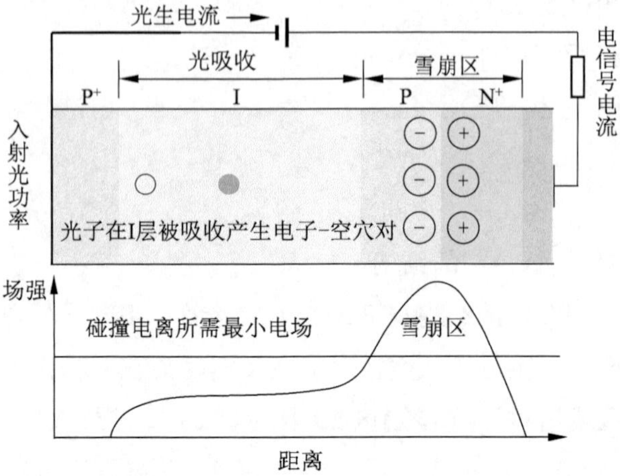

图 6-2　雪崩光电二极管的工作原理

3. 雪崩光电二极管光电流

雪崩光电二极管具有光生伏特效应，当有入射光作用时，光子的能量大于或等于带隙（$hf \geqslant E_g$），在耗尽层区、N 区和 P 区都会发生受激吸收，即价带的电子吸收光子的能量跃迁到导带形成光生电子－空穴对。若电子－空穴对在耗尽层内，由于内部电场的作用，电子向 N 区运动，空穴向 P 区运动，形成漂移电流。若电子－空穴对在耗尽层两侧没有电场的中性区，由于热运动，部分光生电子和空穴通过扩散运动可能进入耗尽层，然后在电场的作用下，形成与漂移电流方向相同的电流，称为扩散电流。漂移电流和扩散电流的总和即为光生电流。若外电路开路，则光生的电子和空穴分别在 N 区和 P 区积累，形成电动势，这就是光生伏特效应。若外电路闭合，N 区过剩的电子通过外电路流向 P 区，同样，P 区的空穴流向 N 区便形成了光生电流。当入射光变化时，光生电流随之变化，从而将光信号转换成电信号。

这里，光生电流信号的大小与入射光子的数量有关。我们还知道了雪崩光电二极管工作时，一般加反向偏压，加反向电压后可以提高雪崩光电二极管的响应度，改变固有的电子运动速度。因此，理论上讲偏压的大小也能够影响光生电流的大小。

4. 雪崩光电二极管的光照特性

前面已经讲过雪崩光电二极管光生伏特效应的原理，那么，光生电流与入射光强之间到底是怎样一种关系呢？

雪崩光电二极管在一定负偏压下，当入射光的强度发生变化时，通过雪崩光电二极管的电流随之变化，在较小负载电阻下，光电流和照度呈线性关系，如图 6-3 所示。这就是雪崩光电二极管的光照特性。

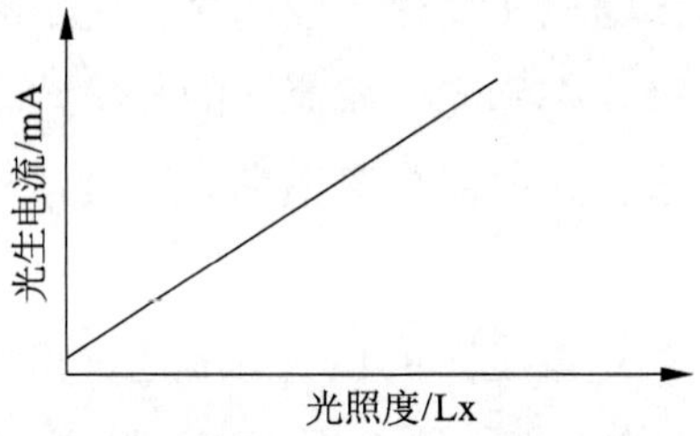

图 6-3　光电流和照度呈线性关系图

5. 雪崩光电二极管的伏安特性

雪崩光电二极管就是一个 PN 结，根据对 PN 结的研究，无光照时，PN 结上的电压 V 和通过它的电流的伏安关系为

$$I_D = I_{SO}(e^{qV/kT} - 1) \tag{6-1}$$

式中，I_{SO}为 PN 结的反向饱和电流；$k = 1 \cdot 381 \times 10^{-23}$ J/K，为波尔兹曼常数；T 为热力学温度；q 为电子电荷量。

有光照时，产生光生电流 I_S：

$$I_S = q\eta \frac{P}{h\nu} \tag{6-2}$$

式中，η 为量子效率；P 为光功率。

这两部分电流方向相同，则总电流 I 为

$$I = I_{SO}(e^{qV/kT} - 1) + I_S \tag{6-3}$$

图 6-4 显示了光照 PN 结的理想伏安特性。

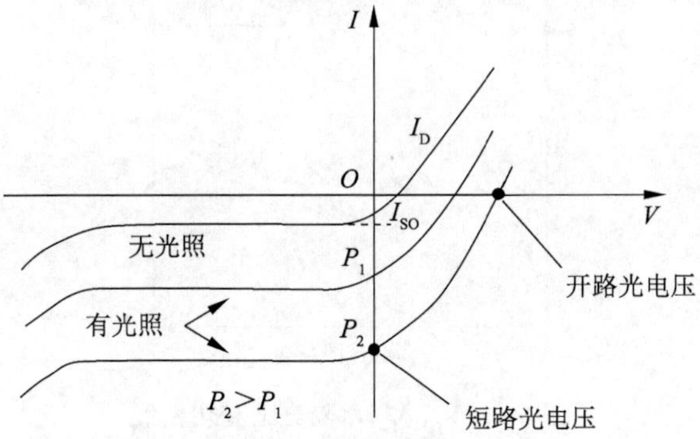

图 6-4　PN 结的理想伏安特性

有光照时，相对于无光照情况，曲线向下平移；光照越强，曲线往下平移的距离愈大，光电流越大。图中第一象限为 PN 结加正偏压状态，此时 PN 结暗电流 I_D 远大于光生电流，作为探测器工作在这个区域是没有意义的。第三象限为 PN 结加反偏压状态，此时 PN 结暗电流 $I_D = I_{SO}$，数值很小，远小于光生电流 I_S，光伏探测器输出的总电流 $I = I_{SO} + I_S \approx I_S$，光伏探测器多工作在这个区域。

由图可见，在低反压下电流随电压变化比较明显，这是因为反向偏压增加使耗尽层加宽，结电场增强，使结区光的吸收率和光生载流子的收集效率增大。当反向偏压进一步增加，光生载流子的收集已达极限，光电流趋于饱和。这时，光电流与外加反向偏压几乎无关，而仅取决于入射光功率。

根据图 6-4 中标注的"开路光电压"的位置，其定义可知为：在电流为 0 时的对应电压；同理，"短路光电流"定义为：电压为 0 时的对压电流。由下式可以求得光伏探测器的输出电压：

$$V = \frac{kT}{q}\ln\left(\frac{I_{\mathrm{S}} - I}{I_{\mathrm{SO}}} - 1\right) \tag{6-4}$$

在 PN 结开路时（即外负载电阻 $R_{\mathrm{L}} \to \infty$），光伏探测器的输出电压称为开路电压 V_{OC}，这时经外回路负载 R_{L} 上的总电流 $I=0$，在式（6-4）中，将 $I=0$ 代入，可得开路电压的表达式：

$$V_{\mathrm{OC}} = \frac{kT}{q}\ln\left(\frac{I_{\mathrm{S}}}{I_{\mathrm{OS}}} - 1\right) \tag{6-5}$$

若将 PN 短路（即 $V=0$），由式（6-2）可得短路电流 I_{SC} 为

$$I_{\mathrm{SC}} = I_{\mathrm{S}} = \frac{q\eta}{h\nu}P \tag{6-6}$$

V_{OC} 和 I_{SC} 是光伏探测器的两个重要参数，其数值可以从伏安特性曲线上得到；由式（6-5）、式（6-6）可看出，两者都随光强增大而增大，但 I_{SC} 随光强增大线性上升，而 V_{OC} 则按对数规律增加，如图 6-5 所示。

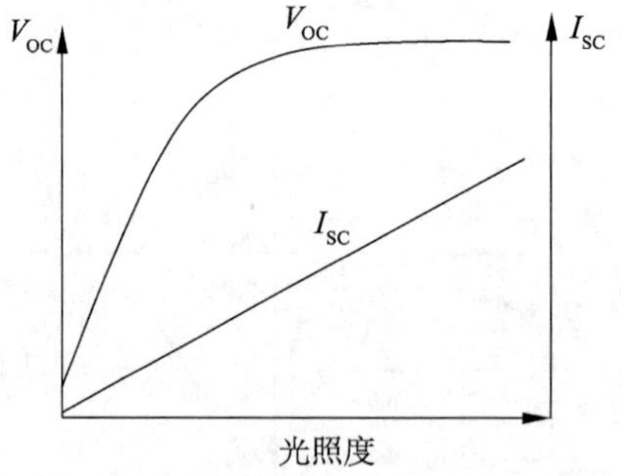

图 6-5　V_{OC} 和 I_{SC} 随光强变化曲线

6. 雪崩光电二极管的光谱特性

以等功率的不同单色辐射波长的光作用于雪崩光电二极管时，其响应程度或电流灵敏度与波长的关系曲线称为雪崩光电二极管的光谱响应。图 6-6 为两种不同材质的雪崩光电二极管的光谱响应曲线。由该曲线可以看出，典型硅雪崩光电二极管光谱响应长波限约为 1.1 μm，短波限接近 0.4 μm，峰值响应波长约为 0.9 μm。硅雪崩光电二极管光谱响应长波限受硅材料的禁带宽度 E_{g} 的限制，短波限受材料 PN 结厚度对光吸收的影响，减薄 PN

结的厚度可提高短波限的光谱响应；锗雪崩光电二极管的光谱响应范围较宽。

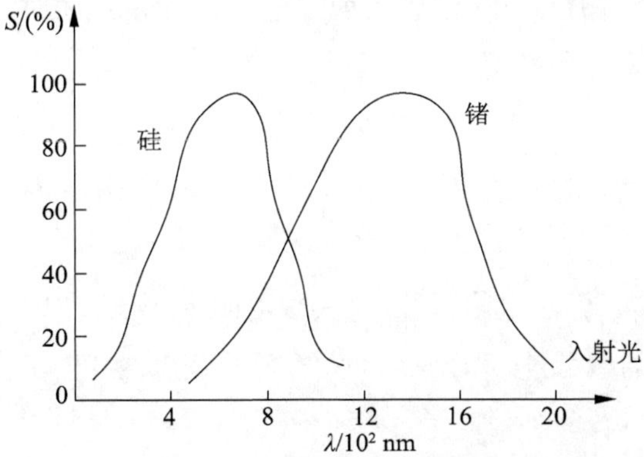

图 6-6　典型雪崩光电二极管光谱响应曲线

雪崩二极管光谱响应特性的测量非常复杂，它需要各种单色光源，而且必须使各种单色光源在被测器件光敏面上的光照度严格相等。在上述条件满足的情况下，才能真正测得雪崩光电二极管的光谱响应。这里涉及简单地测量雪崩光电二极管光谱特性测量的实验，通过测量在一定光照度下的单色光对雪崩光电二极管光生电流的关系曲线来近似表示为光谱响应曲线。实际上，这种方法也能正确地反映雪崩光电二极管光谱响应特性。

7. 雪崩光电二极管的灵敏度特性

通过课本知识我们已经知道，雪崩光电二极管的全电流方程为

$$I = -\frac{\eta q\lambda}{hc}\left(1-e^{-\alpha d}\right)\Phi_{e,\lambda}+I_D\left(e^{\frac{qU}{kT}}-1\right) \tag{6-7}$$

定义雪崩光电二极管的电流灵敏度为，入射到光敏面上辐射量的变化（例如通量变化 $d\Phi$）引起电流变化 dI 与辐射量变化之比。通过对式（6-7）进行微分可以得到

$$S_i = \frac{dI}{d\Phi} = \frac{\eta q\lambda}{hc}\left(1-e^{-\alpha d}\right) \tag{6-8}$$

显然，当某波长 λ 的辐射作用于光电二极管时，其电流灵敏度为与材料有关的常数，表明雪崩光电二极管的光电转换特性的线性关系。必须指出，电流灵敏度与入射辐射波长 λ 的关系是很复杂的，因此在定义雪崩光电二极管的电流灵敏度时，通常将其峰值响应波长的电流灵敏度作为雪崩光电二极管的电流灵敏度。在式（6-8）中，表面上看它与波长 λ 成正比，但是材料的吸收系数 α 还隐含着与入射辐射波长的关系。因此，常把雪崩光电二极管的电流灵敏度与波长的关系曲线称为光谱响应。也就是“6. 雪崩光电二极管光谱特性”中所做的实验的内容。

按照雪崩光电二极管电流灵敏度的定义，实验采用红光作为测量光源，相对于其他光源来说，红光的波长更加接近于光谱响应曲线的峰值波长。

8. 雪崩光电二极管的时间特性

以频率f调制的辐射作用于PN结硅雪崩光电二极管光敏面时，PN结硅雪崩光电二极管电流的产生要经过下面3个过程：

（1）在PN结区内产生的光生载流子渡越结区的时间τ_{dr}，称为漂移时间。

（2）在PN结区外产生的光生载流子扩散到PN结区内所需要的时间τ_p，称为扩散时间。

（3）PN结区电容C_j、管芯电阻R_i以及负载电阻R_L构成的RC延迟时间τ_{RC}。

设载流子在结区内的飘移速度为v_d，PN结区的宽度为W，载流子在结区内的最长飘移时间为

$$\tau_{dr}=W/v_d \tag{6-9}$$

一般的PN结硅雪崩光电二极管，内电场强度E_i都在10^5 V/cm以上，载流子的平均漂移速度要高于10^7 cm/s，PN结区的宽度一般约为100 μm。由式（6-9）可知，漂移时间$\tau_{dr}=10^{-9}$ s，为ns数量级。

对于PN结硅雪崩光电二极管，入射辐射在PN结势垒区以外激发的光生载流子必须经过扩散运动到势垒区内，才能受内建电场的作用，并分别被拉向P区与N区。载流子的扩散运动往往很慢，因此扩散时间τ_p很长，约为100 ns，它是限制PN结硅雪崩光电二极管时间响应的主要因素。

另一个因素是PN结电容C_j、管芯电阻R_i以及负载电阻R_L构成的RC延迟时间τ_{RC}，有

$$\tau_{RC}=C_j\ (R_i+R_L) \tag{6-10}$$

普通PN结硅雪崩光电二极管的管芯内阻R_i约为250 Ω，PN结电容C_j常为几个pF，在负载电阻R_L很大时，时间常数τ_{RC}将成为影响硅雪崩光电二极管时间响应的一个重要因素，应用时必须注意。

通过以上分析可见，影响PN结硅雪崩光电二极管时间响应的主要因素是PN结区外载流子的扩散时间τ_p，如何扩展PN结区是提高硅雪崩光电二极管时间响应的重要措施。增高反向偏置电压会提高内建电场的强度，扩展PN结的耗尽区；但是反向偏置电压的提高也会加大结电容，使RC时间常数τ_{RC}增大。因此，必须从PN结的结构设计方面考虑，如何在不增大偏压的情况下使耗尽区扩展到整个PN结器件，消除扩散时间。

9. 雪崩光电二极管的倍增特性

入射光功率产生的电子-空穴对经过高场区时不断被加速而获得很高的能量，这些高能量的电子或空穴在运动过程中与价带中的束缚电子碰撞，使晶格中的原子电离，产生新的电子-空穴对。新的电子-空穴对受到同样加速，又与原子碰撞电离，产生电子-空穴对，称为二次电子空穴对。如此重复，使强电场区域中的电子和空穴成倍增加，载流子和

反向光生电流迅速增大，产生雪崩现象，这个物理过程称为雪崩倍增效应。

雪崩过程倍增了一次光生电流，因此，在雪崩光电二极管内部就产生了放大作用。雪崩光电二极管就是这样既可以检测光信号，又可以放大光信号电流。

雪崩光电二极管是一种具有内部雪崩增益的光电二极管。它与 S－1 阴极的光电倍增管相比具有更高的量子效率，与光敏电阻和普通的光电二极管相比具有较高的内部增益。由于具有较高的内部增益，在系统应用中前置放大器的噪声就不会成为影响接收系统性能的主要噪声源。尤其在激光器作光源的光电系统中，由于激光发出很窄的光谱范围，接收时可采用窄带光谱滤光片抑制信号光以外光谱范围的背景辐射，这时雪崩光电二极管所组成的接收系统有可能达到抑制信号光以外光谱范围的背景辐射的上限。目前雪崩光电二极管已广泛应用于光纤通信、脉冲激光测距等系统中。

雪崩光电二极管在外加反向偏压比较低时与普通光电二极管一样，当外加反向偏压达到一定值、使结区电场足够高时，光生载流子在漂移过结过程中与束缚电子（价电子）发生碰撞电离，从而产生附加载流子。而附加载流子进一步在高电场中获取能量，当动能增加将足以再次发生碰撞电离。如此循环，致使载流子数得到雪崩式增加，从而输出光电流得到 M 倍增益。

【实验注意事项】

（1）打开电源之前，将两个“电源调节”旋钮逆时针调至底端。

（2）实验操作中不要带电插拔导线，应该在熟悉原理后，按照电路图连接，检查无误后，方可打开电源进行实验。

（3）若照度计、电流表或电压表显示为“1_ ”，说明超出量程，应选择合适的量程再测量。

（4）严禁将任何电源对地短路。

【实验步骤】

1. APD 雪崩光电二极管暗电流的测试

（1）实验测试电路及套筒接口如图 6-7、图 6-8 所示（注意：实验前注意查看套筒是否与实验内容相符，如不相符，需要更换对应的探测器套筒。更换方法：直接将不符的套筒拧下，换上实验对应的套筒）。

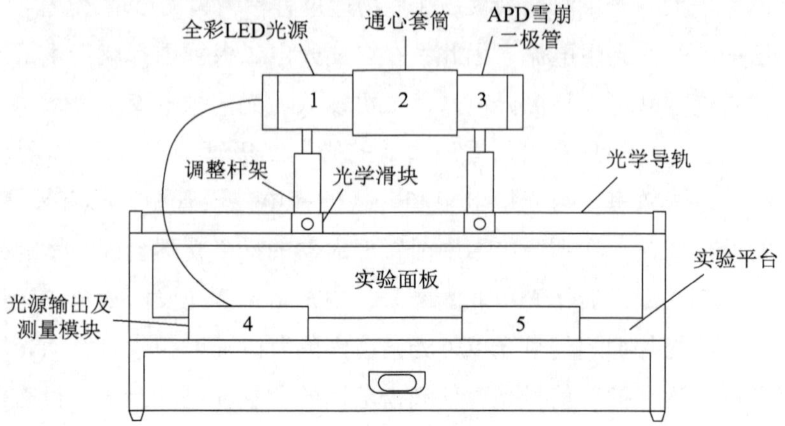

图 6-7　光路结构示意图

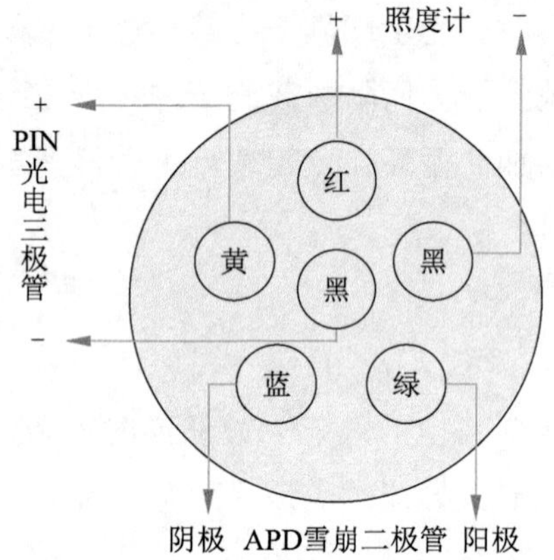

图 6-8　套筒六（APD 雪崩二极管）端盖护套插座分布图

（2）按照图 6-9 连接导线，R_L 为保护电阻，可选择适当电阻值（参考值 10 kΩ，可根据情况更换其他阻值）。注：APD 雪崩二极管对应结构件端盖的绿色和蓝色插孔，绿色为阳极，蓝色为阴极。

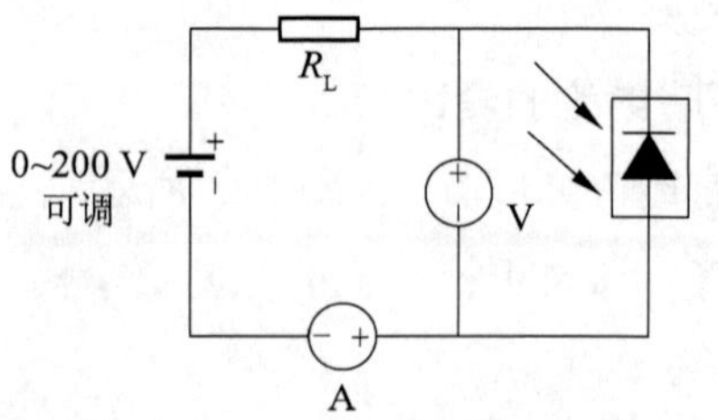

图 6-9　APD 光电二极管测量原理图

（3）将电压表调至“200 V”挡，电流表调至“20 μA”挡（实验过程中根据实际数值变化，更换合适的挡位），将“电源调节”旋钮逆时针旋至不可调位置。

（4）缓慢调节“0～100 V 电源调节”旋钮至电压表显示为 100 V，记录此时电流表的显示值于表 6-1 中，该值即为 APD 雪崩二极管在 100 V 时的暗电流（在调节偏压时请慢慢进行调节，调节时应时刻注意电压表上显示的电压值，请不要调节超过 110 V，超过 110 V 可能会造成 APD 器件的损坏）。

（5）将“0～100 V 电源调节”旋钮逆时针旋至不可调位置，关闭实验平台电源。

表 6-1　暗电流值记录表

电压/V	100
暗电流/μA	

2. APD 雪崩光电二极管光电流的测试

（1）实验测试电路及套筒接口如图 6-7、图 6-8 所示。

（2）按照图 6-9 连接导线，R_L 为保护电阻，可选择适当电阻值（参考值 10 kΩ，可根据情况更换其他阻值）。注：APD 雪崩二极管对应结构件端盖的绿色和蓝色插孔，绿色为阳极，蓝色为阴极。

（3）将照度计调至“200 Lx”挡，电压表调至“200 V”挡，电流表调至“20 μA”挡（实验过程中根据实际数值变化，更换合适的挡位）。将“电源调节”旋钮逆时针旋至不可调位置。

（4）打开实验平台电源，调节照度计“调零”旋钮，直到照度计显示“000.0”为止，关闭实验平台电源。

（5）连接光路单元结构红色插孔至照度计输入“＋”插孔，连接光路单元结构黑色插孔至照度计输入“－”插孔。

（6）打开实验平台电源，将全彩光源驱动开关 S1，S2，S3 全部拨向上，按“照度加”或“照度减”调节，使照度分别为 10 Lx，20 Lx，30 Lx，40 Lx，缓慢调节“0～100 V 电源调节”旋钮，使电压分别为 70 V，75 V，80 V，85 V，90 V，95 V 和 100 V，记录对应的电流值于表 6-2 中。

表 6-2　雪崩光电二极管光电流实验数据记录表

μA

照度/Lx \ 偏压/V	70	75	80	85	90	95	100
10							
20							
30							
40							

（8）将“0～100 V 电源调节”旋钮逆时针旋至不可调位置，关闭实验平台电源。

3. APD 雪崩光电二极管光照度特性的测试

（1）实验测试电路及套筒接口如图 6-7、图 6-8 所示。

（2）按照图 6-9 连接导线，R_L 为保护电阻，可选择适当电阻值（参考值 10 kΩ，可根据情况更换其他阻值）。注：APD 雪崩二极管对应结构件端盖的绿色和蓝色插孔，绿色为阳极，蓝色为阴极。

（3）将照度计调至“200 Lx”挡，电压表调至“200 V”挡，电流表调至“20 μA”挡（实验过程中根据实际数值变化，更换合适的挡位）。将“电源调节”旋钮逆时针旋至不可调位置。

（4）打开实验平台电源，调节照度计“调零”旋钮，直至照度计显示“000.0”为止，关闭实验平台电源。

（5）连接光路单元结构红色插孔至照度计输入“+”插孔，连接光路单元结构黑色插孔至照度计输入“-”插孔。

（6）将全彩光源驱动开关 S1，S2，S3 全部拨向上，打开实验平台电源，缓慢调节“0～100 V 电源调节”旋钮，使电压表保持电压显示为 100 V，按“照度减”或“照度加”按钮，使照度计依次显示 10 Lx，20 Lx，30 Lx，40 Lx，50 Lx，60 Lx，70 Lx，80 Lx，90 Lx，100Lx，记录对应电流表显示值于表 6-3 中。

表 6-3 电流实验数据记录表

照度/Lx	10	20	30	40	50	60	70	80	90	100
电流/μA										

（7）绘出 $I_A - E$ 曲线。

（8）将“电源调节”旋钮逆时针旋至不可调位置，关闭实验平台电源。

4. APD 雪崩光电二极管伏安特性的测试

（1）实验测试电路及套筒接口如图 6-7、图 6-8 所示。

（2）按照图 6-9 连接导线，R_L 为保护电阻，可选择适当电阻值（参考值 10 kΩ，可根据情况更换其他阻值）。注：APD 雪崩二极管对应结构件端盖的绿色和蓝色插孔，绿色为阳极，蓝色为阴极。

（3）将照度计调至“200 Lx”挡，电压表调至“200 V”挡，电流表调至“20 μA”挡（实验过程中根据实际数值变化，更换合适的挡位）。将“电源调节”旋钮逆时针旋至不可调位置。

（4）打开实验平台电源，调节照度计“调零”旋钮，直到照度计显示“000.0”为止，关闭实验平台电源。

（5）连接光路单元结构红色插孔至照度计输入“+”插孔，连接光路单元结构黑色插

孔至照度计输入“－”插孔。

（6）将全彩光源驱动开关 S1，S2，S3 全部拨向上，打开实验平台电源，按“照度减”或“照度加”按钮，使照度计显示为 50 Lx，缓慢调节“0～100 V 电源调节”旋钮，使电压表显示分别为 70 V，75 V，80 V，85 V，90 V，95 V 和 100 V，记录对应电流表显示值于表 6-4 中。

表 6-4　雪崩光电二极管伏安特性测试数据记录表

电压/V	70	75	80	85	90	95	100
电流/μA							

（7）绘制“电压－电流”关系曲线。

（8）将“电源调节”旋钮逆时针旋至不可调位置，关闭实验平台电源。

5. APD 雪崩光电二极管的光谱特性测试

（1）实验测试电路及套筒接口如图 6-7、图 6-8 所示。

（2）按照图 6-9 连接导线，R_L 为保护电阻，可选择适当电阻值（参考值 10 kΩ，可根据情况更换其他阻值）。注：APD 雪崩二极管对应结构件端盖的绿色和蓝色插孔，绿色为阳极，蓝色为阴极。

（3）将照度计调至“200 Lx”挡，电压表调至“200 V”挡，电流表调至“20 μA”挡（实验过程中根据实际数值变化，更换合适的挡位）。将“电源调节”旋钮逆时针旋至不可调位置。

（4）打开实验平台电源，调节照度计“调零”旋钮，直到照度计显示“000.0”为止，关闭实验平台电源。

（5）连接光路单元结构红色插孔至照度计输入“＋”插孔，连接光路单元结构黑色插孔至照度计输入“－”插孔。

（6）将全彩光源驱动开关 S1，S2，S3 全部拨向上，打开实验平台电源，此时光源指示显示“1”，按“照度减”或“照度加”按钮，使照度计显示为 50 Lx，缓慢调节“0～100 V 电源调节”旋钮，使电压表显示为 100 V，记录此时电流表显示值于表 6-5 中。

（7）按照步骤（6）调节“颜色切换”按钮，使“光源指示”分别显示“2”“3”“4”“5”“6”，调节对应光源下的照度为“50.0”Lx 左右，同时记下各个光源在 50 Lx 照度下的电流表示值于表 6-5 中。

（8）绘制光谱曲线图。

（9）将“电源调节”旋钮逆时针旋至不可调位置，关闭实验平台电源。

表 6-5 雪崩二极管光谱特性测试数据记录表

光源标号	1（红色）	2（橙色）	3（黄色）	4（绿色）	5（青色）	6（蓝色）
电流/ μA						

6. APD 雪崩光电二极管灵敏度特性的测试

（1）实验测试电路及套筒接口如图 6-7、图 6-8 所示。

（2）按照图 6-9 连接导线，R_L 为保护电阻，可选择适当电阻值（参考值 10 kΩ，可根据情况更换其他阻值）。注：APD 雪崩二极管对应结构件端盖的绿色和蓝色插孔，绿色为阳极，蓝色为阴极。

（3）将照度计调至“200 Lx”挡，电压表调至“200 V”挡，电流表调至“20 μA”挡（实验过程中根据实际数值变化，更换合适的挡位）。将“电源调节”旋钮逆时针旋至不可调位置。

（4）打开实验平台电源，调节照度计“调零”旋钮，直到照度计显示“000.0”为止，关闭实验平台电源。

（5）连接光路单元结构红色插孔至照度计输入“+”插孔，连接光路单元结构黑色插孔至照度计输入“-”插孔。

（6）打开实验平台电源，缓慢调节“0～100 V 电源调节”旋钮，使电压表显示为 100 V。

（7）迅速按下“颜色切换”按钮，然后弹起，使“光源指示”显示为“1”，按“照度加”或“照度减”按钮，使照度计显示减到最小。

（8）将全彩光源驱动单元的开关 S1，S2，S3 全部拨向上，记录此时的电流表显示值 I_1。

（9）只将全彩光源驱动单元的开关 S1 拨向下方，按“照度加”按钮，使照度计显示在“10.00”Lx 左右，记下此时电流表显示值 I_2。

（10）按公式 $S_i = \frac{I_2 - I_1}{10}$ 计算该偏压下的雪崩二极管的红光电流灵敏度。

（11）将“电源调节”旋钮逆时针旋至不可调位置，关闭实验平台电源。

7. APD 雪崩光电二极管时间响应特性的测试

（1）实验测试电路及套筒接口如图 6-7、图 6-8 所示。

（2）按照图 6-10 连接导线，R_L 为保护电阻，可选择适当电阻值（参考值 1 MΩ，可根据情况更换其他值）。注：APD 雪崩二极管对应结构件端盖的绿色和蓝色插孔，绿色为阳极，蓝色为阴极。

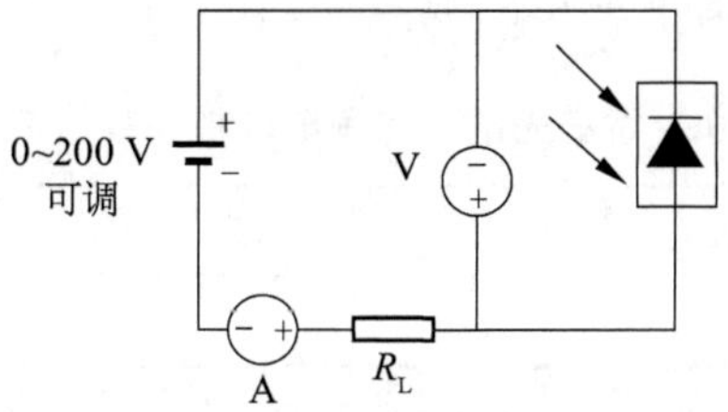

图6-10 APD雪崩光电二极管测量原理图

（3）将照度计调至“200 Lx”挡，电压表调至“200 V”挡，电流表调至“20 μA”挡（实验过程中根据实际数值变化，更换合适的挡位）。将“电源调节”旋钮逆时针旋至不可调位置。

（4）用导线连接全彩光源驱动单元插孔“PULSE”（J16）与“R”“G”“B”插孔，连接全彩光源驱动单元插孔“GND”（J15）与0～100 V可调电源“－”插孔。

（5）缓慢调节“0～100 V电源调节”旋钮，使电压表显示为100 V。

（6）用双通道示波器探头1测试全彩光源驱动单元插孔“PULSE”（J16），用双通道示波器探头2测试光路单元结构绿色插孔（两通道同地），调节“脉宽调节”，使示波器输出波形稳定最佳，读出2通道的上升时间，此上升时间即为雪崩二极管的时间响应特性参数。

注意：示波器地线若未接好，容易造成所测波形抖动。

（7）将“电源调节”旋钮逆时针旋至不可调位置，关闭实验平台电源。

8. APD雪崩光电二极管倍增特性的测试

（1）实验测试电路及套筒接口如图6-7、图6-8所示。

（2）按照图6-9连接导线，R_L为保护电阻，可选择适当电阻值（参考值10 kΩ，可根据情况更换其他阻值）。注：APD雪崩二极管对应结构件端盖的绿色和蓝色插孔，绿色为阳极，蓝色为阴极。

（3）将照度计调至“200Lx”挡，电压表调至“200 V”挡，电流表调至“20 μA”挡（实验过程中根据实际数值变化，更换合适的挡位）。将“电源调节”旋钮逆时针旋至不可调位置。

（4）打开实验平台电源，调节照度计“调零”旋钮，直到照度计显示“000.0”为止，关闭实验平台电源。

（5）连接光路单元结构红色插孔至照度计输入“＋”插孔，连接光路单元结构黑色插孔至照度计输入“－”插孔。

（6）将全彩光源驱动开关S1，S2，S3全部拨向上，打开实验平台电源，按“照度减”或“照度加”按钮，使照度计显示为10 Lx，将旋钮开关调至“200 V”挡，缓慢调节“0～100 V电源调节”旋钮，使电压表分别显示70 V，75 V，80 V，85 V，90 V，95 V和

100 V，记录对应电流表显示值于表 6-6 中。

表 6-6　雪崩光电二极管倍增特性数据记录表

电压/V	70	75	80	85	90	95	100
电流/ μA							

（7）根据记录的电压值与输出电流值画出曲线图。

（8）将“电源调节”旋钮逆时针旋至不可调位置，关闭实验平台电源。

【思考题】

（1）APD 雪崩光电二极管与光敏二极管在工作原理上有何异同？

（2）试分析 APD 雪崩光电二极管与光敏二极管的伏安特性是否不同？若不同，表现在什么地方？

实验七

PIN 光电二极管特性测试

【实验目的】

（1）了解 PIN 光电二极管的工作原理和结构。

（2）了解 PIN 光电二极管的主要特性。

（3）了解 PIN 光电二极管的性能。

（4）掌握 PIN 光电二极管的暗电流定义及其测量方法。

（5）掌握 PIN 光电二极管的光电流定义及其测量方法。

（6）掌握 PIN 光电二极管的光照特性及其测试方法。

（7）掌握 PIN 光电二极管的伏安特性及其测试方法。

（8）掌握 PIN 光电二极管的光谱特性及其测试方法。

（9）掌握 PIN 光电二极管的灵敏度定义及其测试方法。

（10）掌握 PIN 光电二极管的时间响应特性定义及其测试方法。

【实验内容】

（1）PIN 光电二极管的原理研究。

（2）PIN 光电二极管暗电流的测量。

（3）PIN 光电二极管光电流的测量。

（4）PIN 光电二极管光照特性的测试。

（5）PIN 光电二极管伏安特性的测试。

（6）PIN 光电二极管光谱特性的测试。

（7）PIN 光电二极管灵敏度的测试。

（8）PIN 光电二极管时间响应特性的测试。

【实验仪器】

（1）实验平台（一台）；

（2）连接导线（若干）；

（3）光源输出及测量模块（一块）；

（4）LED 全彩光源（一套）；

（5）PIN 光电二极管（一套）；

（6）电子器件模块一（一块）；

（7）示波器（一台）。

【实验原理】

1．光生伏特效应和光伏探测器的原理

光生伏特效应是光照使半导体产生光生电子和空穴，这些电子和空穴在某种“力”的作用下向相反的方向移动和积聚而产生电位差的现象。使电子和空穴向相反的方向移动的“力”可以是同质半导体由于不同的掺杂形成的 PN 结、不同质的半导体组成的异质结或金属和同质半导体接触形成的肖特基结的内建电场，也可以是磁场等。下面以 PN 结为例说明光生伏特效应的原理，其原理图如图 7-1 所示。

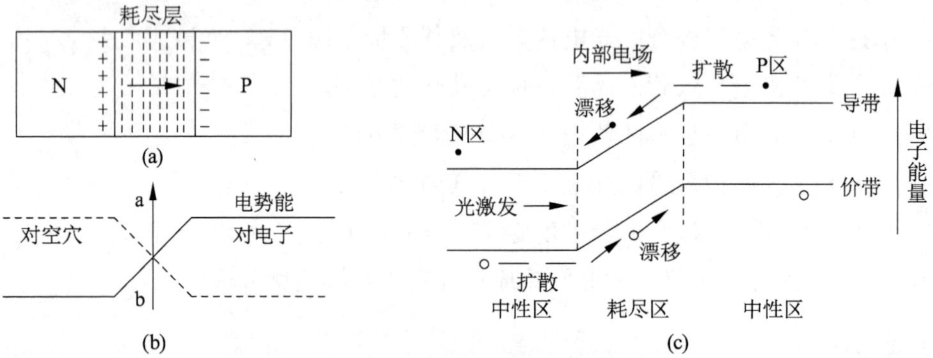

图 7-1　光生伏特效应原理图

如图 7-1a 所示，未有光照时，P 区的多数载流子空穴和 N 区的多数载流子电子，由于浓度差会向对方扩散，结果在接触面附近形成正负离子组成的空间电荷层及相应的由 N 区指向 P 区的内建电场，该电场阻止了两边的载流子的扩散，但使电子和空穴产生与扩散运动方向相反的漂移运动，最后达到热平衡，形成一个稳定的内建电场 $E_{内}$。内建电场存在的区域称作耗尽层。从能量的角度看，内建电场 $E_{内}$ 在耗尽层形成一个势垒，电子在 N 区具有较低的势能，在 P 区具有较高的势能，空穴则相反，如图 7-1b 所示，最终使能带发生倾斜。N 区的电子和 P 区的空穴要想从一区进入另一区都需要能量提供。

当有入射光作用时，如果光子的能量大于或等于带隙（$hf \geqslant E_g$），在耗尽层区、N 区和 P 区都会发生受激吸收，即价带的电子吸收光子的能量越迁到导带形成光生电子 - 空穴对。若电子 - 空穴对在耗尽层内，由于内部电场的作用，电子向 N 区运动，空穴向 P 区运

动，形成漂移电流。若电子－空穴对在耗尽层两侧没有电场的中性区，由于热运动，部分光生电子和空穴通过扩散运动可能进入耗尽层，然后在电场的作用下，形成与漂移电流相同方向的电流，称为扩散电流。漂移电流和扩散电流的总和即为光生电流。若外电路开路，则光生的电子和空穴分别在 N 区和 P 区积累，形成电动势，这就是光生伏特效应。若外电路闭合，N 区过剩的电子通过外电路流向 P 区，同样，P 区的空穴流向 N 区，便形成了光生电流。当入射光变化时，光生电流随之变化，从而将光信号转换成电信号。

这种由 PN 结构成，在入射光作用下，由于受激吸收过程产生电子－空穴对运动，在闭合电路中形成光生电流的器件，就是简单的光敏二极管（PD）。

这种简单的光敏二极管（PD），由于 PN 结耗尽层只有几微米，大部分入射光被中性区吸收，中性区内的电子和空穴是靠扩散运动形成电流的，一方面它形成电流的几率小，即转换效率低，另一方面响应速度慢。为了改善这种情况，使用 PD 管时，总是施加适当的反向偏压，即 N 区加正电压，P 区加负电压，外加电压与内部电场方向相同，从而增大耗尽层宽度，减小中性区的宽度，提高了转换效率和响应速度。

2. PIN 光电二极管的工作原理和结构

PIN 光电二极管是光伏器件中的一种。它的结构特点是，在 P 型半导体和 N 型半导体之间夹着一层（相对）很厚的本征半导体（I 层）。这样，PN 结的内电场就基本上全集中于 I 层中，从而使 PN 结空间电荷层的间距加宽，因此结电容变小，但其响应时间会变短，频带将变宽。这种管子的特点是频带宽，可达 10 GHz。另一个特点是，因为 I 层很厚，在反偏压下运用可承受较高的反向电压，因此管子的线性输出范围很宽。由耗尽层宽度与外加电压的关系可知，增加反向偏压会使耗尽层宽度增加，从而令结电容进一步减小，使频带宽度变宽。所不足的是，I 层电阻很大，管子的输出电流小，一般多为零点几微安至数微安。即 PIN 是为提高光电转换效率而在 PN 结内部设置一层掺杂浓度很低的本征半导体（I 层）以扩大耗尽层宽度的光电二极管。

3. PIN 光电二极管的暗电流特性

PIN 结构的光电二极管与 PN 结型的光电二极管在外形上没有区别，其核心部分也是一个 PN 结，和普通二极管相比有很多共同之处，它们都有一个 PN 结，因此均属于单向导电性的非线性元件。但 PIN 光电二极管作为一种光电器件，也有它特殊的地方。例如，管壳上的一个玻璃窗口能接收外部的光照；PN 结势垒区很薄，光生载流子的产生主要在 PN 结两边的扩散区，光电流主要来自扩散电流而不是漂移电流；又如，为了获得尽可能大的光电流，PN 结面积比普通二极管要大得多，而且通常都以扩散层作为受光面，因此受光面上的电极做得很小。为了提高光电转换能力，PN 结的深度较普通二极管浅。

PIN 光电二极管在电路中一般是处于反向工作状态，在没有光照射时，反向电阻很大，反向电流很小（一般小于 0.1 μA），这个反向电流称为暗电流，当光照射在 PN 结上，光子打在 PN 结附近，使 PN 结附近产生光生电子和光生空穴对，称为光生载流子。它们在 PN 结处的内电场作用下作定向运动，形成光电流。光的照度越大，光电流越大。如果在外电路接上负载，负载上就获得了电信号。因此 PIN 光电二极管在不受光照射时处于截止状态，受光照射时处于导通状态。PIN 光电二极管工作电路如图 7-2 所示。

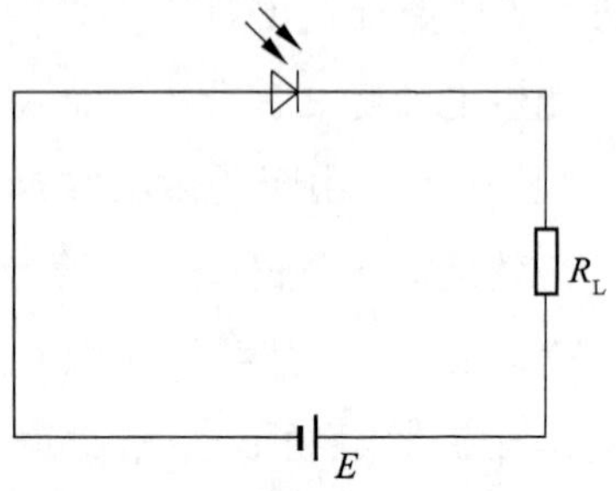

图 7-2　PIN 光电二极管工作电路

4. PIN 光电二极管的光电流测试

在前两次实验中，我们知道了 PIN 光电二极管的光生伏特效应。

这里，光生电流信号的大小与入射光子的数量有关系。另一方面，我们还知道了 PIN 光电二极管工作时，一般加反向偏压，认为外加一个电场在 PN 结上，会改变固有的电子运动速度。因此，理论上讲偏压的大小也能够影响光生电流的大小。

5. PIN 光电二极管的光照特性

前面讲过了 PIN 光电二极管光生伏特效应的原理，那么，光生电流与入射光强之间到底是怎样一种关系？

PIN 光电二极管在一定负偏压下，当入射光的强度发生变化时，通过 PIN 光电二极管的电流随之变化，在较小负载电阻下，光电流和照度呈线性关系。图 7-3 显示的就是 PIN 光电二极管的光照特性。

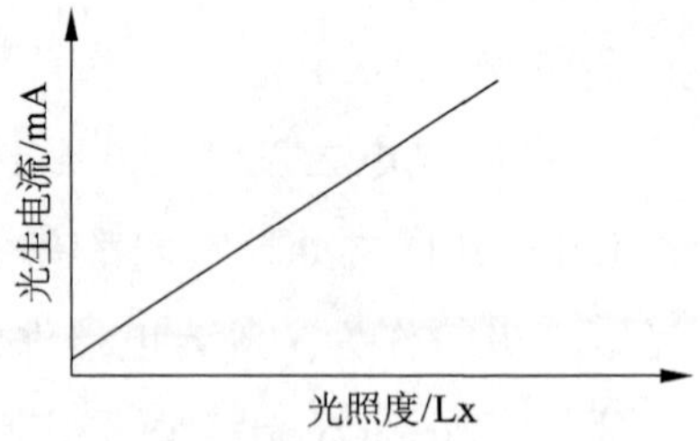

图 7-3　光照特性曲线

6. PIN 光电二极管的伏安特性

PIN 是为提高光电转换效率而在 PN 结内部设置一层掺杂浓度很低的本征半导体（I 层）以扩大耗尽层宽度的光电二极管。实际上就是一个 PN 结，根据对 PN 结的研究可知，无光照时，PN 结上的电压 V 和通过它的电流的伏安关系为

$$I_D = I_{SO}\left(e^{qV/kT} - 1\right) \tag{7-1}$$

式中，I_{SO}为 PN 结的反向饱和电流；$k = 1 \cdot 381 \times 10^{-23}$ J/K，为波尔兹曼常数；T 为热力学温度；q 为电子电荷量。

有光照时，产生光生电流 I_S：

$$I_S = q\eta \frac{P}{h\nu} \tag{7-2}$$

式中，η 为量子效率；P 为光功率。

这两部分电流方向相同，则总电流 I 为

$$I = I_{SO}\left(e^{qV/kT} - 1\right) + I_S \tag{7-3}$$

图 7-4 显示了光照 PN 结的理想伏安特性。

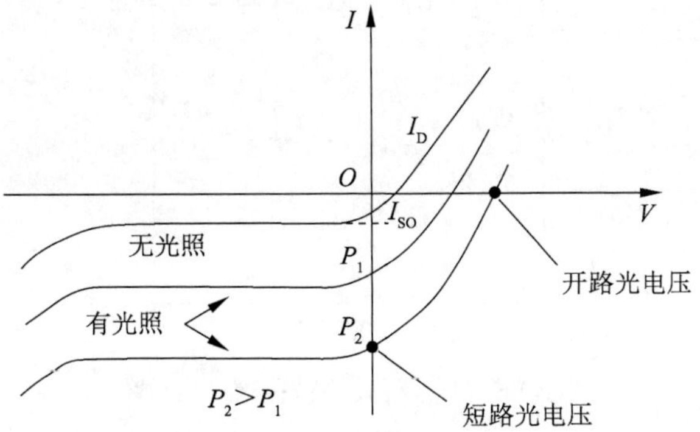

图 7-4　P－N 结的理想伏安特性

有光照时，相对于无光照情况，曲线向下平移；光照越强，曲线往下平移的距离愈大，光电流越大。图中第一象限为 PN 结加正偏压状态，此时 PN 结暗电流 I_D 远大于光生电流，作为探测器工作在这个区域是没有意义的。第三象限为 PN 结加反偏压状态，此时 PN 结暗电流 $I_D = I_{SO}$，数值很小，远小于光生电流 I_S，光伏探测器输出的总电流 $I = I_{SO} + I_S \approx I_S$，光伏探测器多工作在这个区域。

由图可见，在低反压下电流随电压变化比较明显，这是因为反向偏压增加使耗尽层加宽，结电场增强，使结区光的吸收率和光生载流子的收集效率增大。当反向偏压进一步增加，光生载流子的收集已达极限，光电流趋于饱和。这时，光电流与外加反向偏压几乎无关，而仅取决于入射光功率。

根据图 7-4 中标注的“开路光电压”的位置，其定义可知为：在电流为 0 时的对应电压；同理，“短路光电流”定义为：电压为 0 时的对压电流。由式（7-3）可以求得光伏探测器的输出电压：

$$V = \frac{kT}{q}\ln\left(\frac{I_S - I}{I_{SO}} - 1\right) \tag{7-4}$$

在 PN 结开路时（即外负载电阻 $R_L \to \infty$），光伏探测器的输出电压称为开路电压 V_{OC}，

这时经外回路负载 R_L 上的总电流 $I=0$，在式（7-4）中，将 I=0 代入，可得开路电压的表达式：

$$V_{OC}=\frac{kT}{q}\ln\left(\frac{I_S}{I_{OS}}-1\right) \tag{7-5}$$

若将 PN 短路（即 $V=0$），由式（7-2）可得短路电流 I_{SC} 为

$$I_{SC}=I_S=\frac{q\eta}{h\nu}P \tag{7-6}$$

V_{OC} 和 I_{SC} 是光伏探测器的两个重要参数，其数值可以从伏安特性曲线上得到；由式（7-5）、式（7-6）可看出，两者都随光强增大而增大，但 I_{SC} 随光强增大线性上升，而 V_{OC} 则按对数规律增加，如图 7-5 所示。

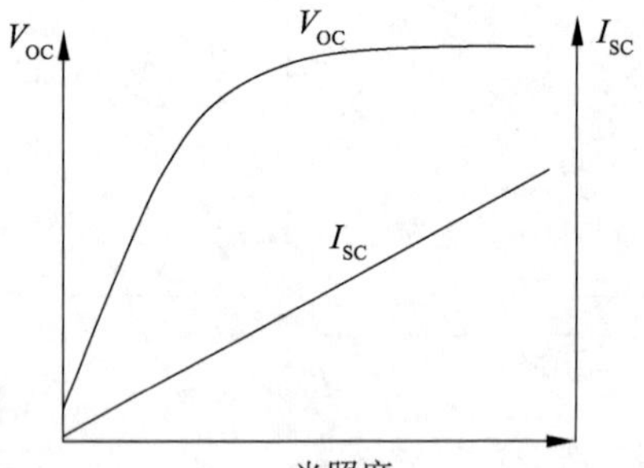

图 7-5　V_{OC} 和 I_{SC} 随光强变化曲线

7. PIN 光电二极管的光谱特性

以等功率的不同单色辐射波长的光作用于 PIN 光电二极管时，其响应程度或电流灵敏度与波长的关系曲线称为 PIN 光电二极管的光谱响应。图 7-6 为两种不同材质的光敏二极管的光谱响应曲线。由该曲线可以看出，典型硅光敏二极管光谱响应长波限约为 1.1 μm，短波限接近 0.4 μm，峰值响应波长约为 0.9 μm。硅光电二极管光谱响应长波限受硅材料的禁带宽度 Eg 的限制，短波限受材料 PN 结厚度对光吸收的影响，减薄 PN 结的厚度可提高短波限的光谱响应；锗光电二极管的光谱响应范围较宽。

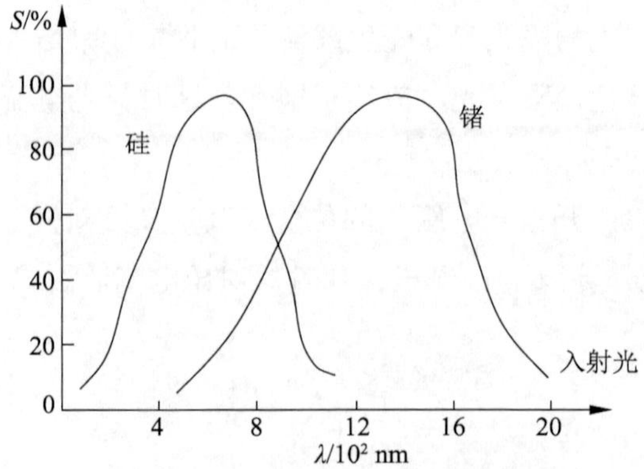

图 7-6　典型光敏二极管光谱响应曲线

PIN 光电二极管光谱响应特性的测量非常复杂，它需要各种单色光源，而且必须使各种单色光源在被测器件 1 光敏面上的光照度严格相等。在上述条件满足的情况下才能真正测得 PIN 光电二极管的光谱响应。这里涉及简单地测量 PIN 光电二极管光谱特性测量的实验，通过测量在一定光照度下的单色光对 PIN 光电二极管的光生电流的关系曲线来近似光谱响应曲线。实际上，这种方法也能较好地反映 PIN 光电二极管的光谱响应特性。

8. PIN 光电二极管的灵敏度特性

PIN 光电二极管实际上就是其中一种特殊的光敏二极管，通过课本知识我们已经知道，光敏二极管的全电流方程为

$$I=-\frac{\eta q\lambda}{hc}\left(1-e^{-\alpha d}\right)\Phi_{e,\lambda}+I_D\left(e^{\frac{qU}{kT}}-1\right) \tag{7-7}$$

定义光敏二极管的电流灵敏度为入射到光敏面上辐射量的变化（例如通量变化 dΦ）引起电流变化 dI 与辐射量变化 dΦ 之比。通过对式（7-7）进行微分可以得到

$$S_i=\frac{dI}{d\Phi}=\frac{\eta q\lambda}{hc}\left(1-e^{-\alpha d}\right) \tag{7-8}$$

当某波长 λ 的辐射作用于光电二极管时，其电流灵敏度为与材料有关的常数，表明 PIN 光电二极管的光电转换特性的线性关系。必须指出，电流灵敏度与入射辐射波长 λ 的关系是很复杂的，因此在定义 PIN 光电二极管的电流灵敏度时，通常将其峰值响应波长的电流灵敏度作为 PIN 光电二极管的电流灵敏度。在式（7-8）中，表面上看它与波长 λ 成正比，但是材料的吸收系数 α 还隐含着与入射辐射波长的关系。因此，常把 PIN 光电二极管的电流灵敏度与波长的关系曲线称为光谱响应。也就是“7. PIN 光电二极管光谱特性”中所做的实验的内容。

按照 PIN 光电二极管电流灵敏度的定义，实验采用红光作为测量光源，相对于其他光源来说，红光的波长更加接近于光谱响应曲线的峰值波长。

9. PIN 光电二极管的时间响应特性

以频率 f 调制的辐射作用于 PN 结硅光敏二极管光敏面时，PN 结硅光敏二极管电流的产生要经过下面 3 个过程：

（1）在 PN 结区内产生的光生载流子渡越结区的时间 τ_{dr}，称为漂移时间。

（2）在 PN 结区外产生的光生载流子扩散到 PN 结区内所需要的时间 τ_p，称为扩散时间。

（3）PN 结区电容 C_j、管芯电阻 R_i 以及负载电阻 R_L 构成的 RC 延迟时间 τ_{RC}。

设载流子在结区内的飘移速度为 v_d，PN 结区的宽度为 W，载流子在结区内的最长飘移时间为

$$\tau_{dr}=W/v_d \tag{7-9}$$

一般的 PN 结硅光敏二极管，内电场强度 E_i 都在 10^5 V/cm 以上，载流子的平均漂移速

度要高于 10^7 cm/s，PN 结区的宽度一般约为 100 μm。由式（7-9）可知，漂移时间 $\tau_{dr}=10^{-9}$ s，为 ns 数量级。

对于 PN 结硅光敏二极管，入射辐射在 PN 结势垒区以外激发的光生载流子必须经过扩散运动到势垒区内，才能受内建电场的作用，并分别被拉向 P 区与 N 区。载流子的扩散运动往往很慢，因此扩散时间 τ_p 很长，约为 100 ns，它是限制 PN 结硅光敏二极管时间响应的主要因素。

另一个因素是 PN 结电容 C_j、管芯电阻 R_i 以及负载电阻 R_L 构成的 RC 延迟时间 τ_{RC}，有

$$\tau_{RC}=C_j\ (R_i+R_L) \tag{7-10}$$

普通 PN 结硅光敏二极管的管芯内阻 R_i约为 250 Ω，PN 结电容 C_j通常为几个 pF，在负载电阻 R_L很大时，时间常数 τ_{RC}将成为影响硅光敏二极管时间响应的一个重要因素，应用时必须注意。

通过以上分析可知，影响 PN 结硅光敏二极管时间响应的主要因素是 PN 结区外载流子的扩散时间 τ_p，如何扩展 PN 结区是提高硅光敏二极管时间响应的重要措施。增高反向偏置电压会提高内建电场的强度，扩展 PN 结的耗尽区。但是反向偏置电压的提高也会加大结电容，使 RC 时间常数 τ_{RC}增大。因此，必须从 PN 结的结构设计方面考虑如何在不增大偏压的情况下使耗尽区扩展到整个 PN 结器件，消除扩散时间。

【实验注意事项】

（1）打开电源之前，将两个“电源调节”旋钮逆时针调至底端。

（2）实验操作中不要带电插拔导线，应该在熟悉原理后，按照电路图连接，检查无误后，方可打开电源进行实验。

（3）若照度计、电流表或电压表显示为“1_ ”，说明超出量程，应选择合适的量程再测量。

（4）严禁将任何电源对地短路。

【实验步骤】

1. PIN 光电二极管原理研究

（1）将全彩光源驱动单元 S1，S2，S3 开关全部拨向下，实验测试电路及套筒接口如图 7-7、图 7-8 所示（注意：实验前注意查看套筒是否与实验内容相符，如不相符，需要更换对应的探测器套筒。更换方法：直接将不符的套筒拧下，换上实验对应的套筒）。

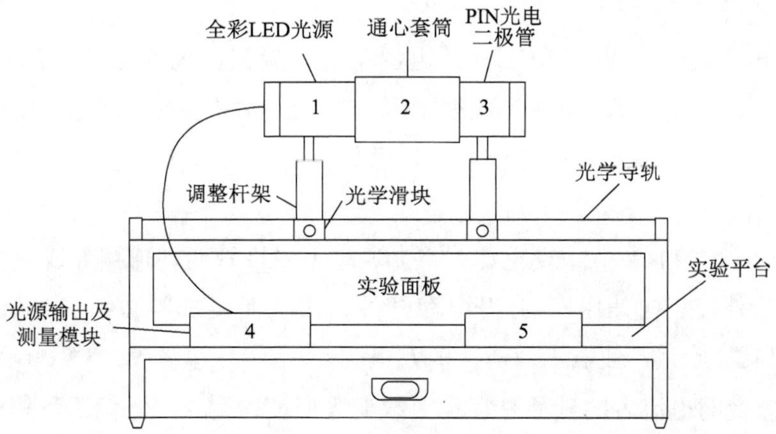

图 7-7　光路结构示意图

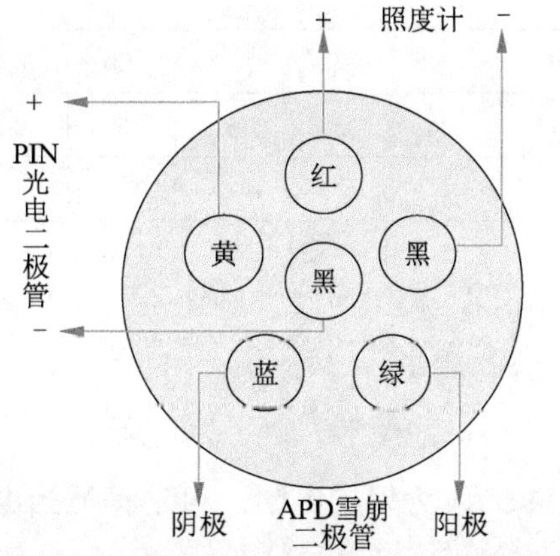

图 7-8　套筒五（PIN 光电二极管）端盖护套插座分布图

（2）按照图 7-9 连接导线，R_L 为保护电阻，可选择适当电阻值（参考值 10 kΩ，可根据情况更换其他阻值）。注：PIN 光电二极管对应结构件端盖的黄色和黑色插孔，黑色为阴极 K，黄色为阳极 A。

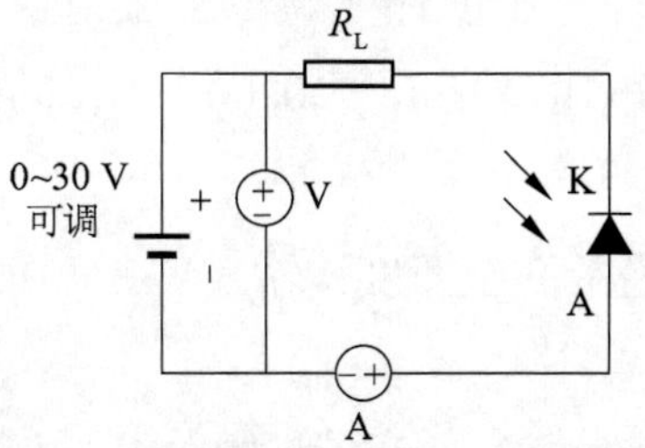

图 7-9　光电二极管原理研究实验电路

（3）将照度计调至“200 Lx”挡，电压表调至“20 V”挡，电流表调至“20 μA”挡（实验过程中根据实际数值变化，更换合适的位）。将“电源调节”旋钮逆时针旋至不可调位置。

（4）打开电源开关，调节“0～30 V 电源调节”旋钮，观察此时电流表示数变化 I_1；将脉冲发生单元 S1，S2，S3 开关全部拨向上，按“照度加”按钮使光照度为 100 Lx，调节“电源调节”旋钮，观察此时电流表的显示数值 $I_{反}$。改变光照度，同时记录不同偏压下相应的电流值。

（5）完成步骤（4）后，关闭电源，将 PIN 光电二极管两端连接导线互换接入（此时 PIN 光电二极管外接正向偏压），打开电源开关，按“照度加”按钮使光照度为 100 Lx，调节“电源调节”旋钮，使电压分别为 0 V，1 V，2 V，3 V，4 V，5 V，6 V，7 V，8 V，9 V，10 V 观察此时电流表的显示数值 $I_{正}$。改变光照度，记录不同偏压下相应的电流值于表 7-1 中。

表 7-1　实验数据记录表

照度/Lx	100										
偏压/V	0	1	2	3	4	5	6	7	8	9	10
电流/μA											

（6）完毕后，将“电源调节”旋钮逆时针旋至不可调位置，关闭实验平台电源。

2．PIN 光电二极管暗电流的测量

（1）实验测试电路及套筒接口如图 7-7、图 7-8 所示。

（2）按照图 7-9 连接导线，R_L 为保护电阻，可选择适当电阻值（参考值 10 kΩ，可根据情况更换其他阻值）。（注：PIN 光电二极管对应结构件端盖的黄色和黑色插孔，黑色为阴极 K，黄色为阳极 A）。

（3）将照度计调至“200 Lx”挡，电压表调至“20 V”挡，电流表调至“20 μA”挡（实验过程中根据实际数值变化，更换合适的挡位）。将“电源调节”旋钮逆时针旋至不可调位置。

（4）打开实验平台电源，调节照度计“调零”旋钮，直到照度计显示“000.0”为止，调节“电源调节”旋钮至电压表显示“10.00”V，同时记录此时电流表显示值于表 7-2 中，关闭实验平台电源。

（5）连接光路单元结构红色插孔至照度计输入“+”插孔，连接光路单元结构黑色插孔至照度计输入“-”插孔。

（6）将全彩光源驱动开关 S1，S2，S3 全部拨向上，打开实验平台电源，保持电压表显示“10.00”V，按“照度减”或“照度加”按钮，使照度计依次显示 0 Lx，50 Lx，100 Lx，150 Lx，200 Lx，250 Lx，300 Lx，350 Lx，400 Lx，450 Lx，500 Lx，550Lx，同时分别记录对应电流表显示值于表 7-2 中。

（7）根据表 7-2 记录的数据，绘制“照度－电流”关系曲线。

表 7-2　PIN 光电二极管光照特性测试数据记录表

照度/Lx	0	50	100	150	200	250	300	350	400	450	500	550
电流/ μA												

（8）将“电源调节”旋钮逆时针旋至不可调位置，关闭实验平台电源。

3. PIN 光电二极管光电流的测量

（1）将全彩光源驱动单元 S1，S2，S3 开关全部拨向下，实验测试电路及套筒接口如图 7-7、图 7-8 所示。

（2）按照图 7-9 连接导线，R_L 为保护电阻，可选择适当电阻值（参考值 10 kΩ，可根据情况更换其他阻值）。（注：PIN 光电二极管对应结构件端盖的黄色和黑色插孔，黑色为阴极 K，黄色为阳极 A。）

（3）将照度计调至“200 Lx”挡，电压表调至“20 V”挡，电流表调至“20 μA”挡（实验过程中根据实际数值变化，更换合适的挡位）。将“电源调节”旋钮逆时针旋至不可调位置。

（4）打开实验平台电源，调节照度计“调零”旋钮，直到照度计显示“000. 0”为止，关闭实验平台电源。

（5）连接光路单元结构红色插孔至照度计输入“＋”插孔，连接光路单元结构黑色插孔至照度计输入“－”插孔。

（6）将全彩光源驱动开关 S1，S2，S3 全部拨向上，打开实验平台电源，按“照度加”或“照度减”按钮使照度计显示“100. 0”Lx 左右，调节“电源调节”旋钮，至电压表显示“10. 00”V。此时电流表显示值即在照度 100 Lx、电源偏压 10 V 时，PIN 光电二极管的光电流值，记录于表 7-3 中。

表 7-3　PIN 光电二极管光电流数据记录表

电压/V	10
照度/Lx	100
光电流/μA	

（9）将“电源调节”旋钮逆时针旋至不可调位置，关闭实验平台电源。

4. PIN 光电二极管光照特性的测试

（1）实验测试电路及套筒接口如图 7-7、图 7-8 所示，将全彩光源驱动开关 S1，S2，S3 全部拨向下。

（2）按照图 7-9 连接导线，R_L 为保护电阻，可选择适当电阻值（参考值 10 kΩ，可根据情况更换其他阻值)。注：PIN 光电二极管对应结构件端盖的黄色和黑色插孔，黑色为阴极 K，黄色为阳极 A。

(3) 将照度计调至“200 Lx”挡，电压表调至“20 V”挡，电流表调至“20 μA”挡(实验过程中根据实际数值变化，更换合适的挡位)。将“电源调节”旋钮逆时针旋至不可调位置。

(4) 打开实验平台电源，调节照度计“调零”旋钮，直到照度计显示“000.0”为止，调节“电源调节”旋钮至电压表显示“10.00”V，同时记录此时电流表显示值于表7-4 中，关闭实验平台电源。

(5) 连接光路单元结构红色插孔至照度计输入“+”插孔，连接光路单元结构黑色插孔至照度计输入“-”插孔。

(6) 将全彩光源驱动开关 S1，S2，S3 全部拨向上，打开实验平台电源，保持电压表显示“10.00”V，按“照度减”或“照度加”按钮，使照度计依次显示 0 Lx，50 Lx，100 Lx，150 Lx，200 Lx，250 Lx，300 Lx，350 Lx，400 Lx，450 Lx，500 Lx，550Lx，同时分别记录对应电流表显示值于表 7-4 中。

(7) 按照表 7-4 记录的数据，绘制“照度-电流”关系曲线。

表 7-4 PIN 光电二极管光照特性测试数据记录表

照度/Lx	0	50	100	150	200	250	300	350	400	450	500	550
电流/μA												

(8) 将“电源调节”旋钮逆时针旋至不可调位置，关闭实验平台电源。

5. PIN 光电二极管伏安特性的测试

(1) 实验测试电路及套筒接口如图 7-7、图 7-8 所示，将全彩光源驱动开关 S1，S2，S3 全部拨向下。

(2) 按照图 7-10 连接导线，R_L 为保护电阻，可选择适当电阻值 (参考值 10 kΩ，可根据情况更换其他阻值)。注：PIN 光电二极管对应结构件端盖的黄色和黑色插孔，黑色为阴极 K，黄色为阳极 A。

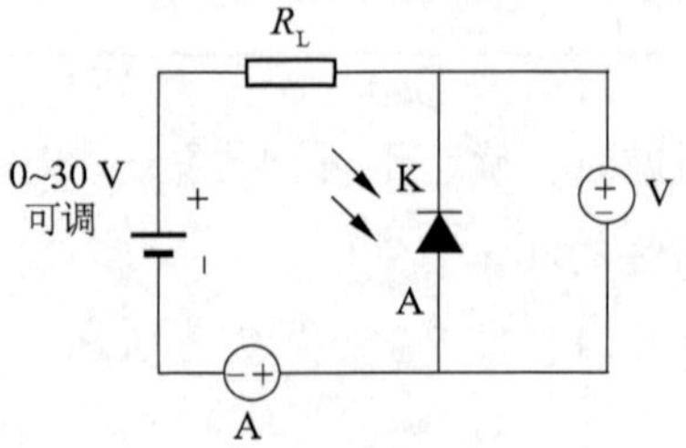

图 7-10 PIN 光电二极管伏安特性测试电路

（3）将照度计调至“200 Lx”挡，电压表调至“20 V”挡，电流表调至“20 μA”挡（实验过程中根据实际数值变化，更换合适的挡位）。将“电源调节”旋钮逆时针旋至不可调位置。

（4）打开实验平台电源，调节照度计“调零”旋钮，直到照度计显示“000.0”为止，关闭实验平台电源。

（5）连接光路单元结构红色插孔至照度计输入“+”插孔，连接光路单元结构黑色插孔至照度计输入“-”插孔。

（6）将全彩光源驱动开关 S1，S2，S3 全部拨向上，打开实验平台电源，按“照度加”或“照度减”按钮，使照度计显示尽量接近“100.0”Lx。

（7）调节“电源调节”旋钮，使电压分别为 0 V，1 V，2 V，3 V，4 V，5 V，6 V，7 V，8 V，9 V，10 V，按照表 7-5 记录数据，并绘制“电压-电流”关系曲线。

表 7-5　PIN 光电二极管伏安特性测试数据记录表

电压/V	0	1	2	3	4	5	6	7	8	9	10
电流/μA											

（8）将“电源调节”旋钮逆时针旋至不可调位置，关闭实验平台电源。

6. PIN 光电二极管光谱特性的测试

（1）实验测试电路及套筒接口如图 7-7、图 7-8 所示，将全彩光源驱动开关 S1，S2，S3 全部拨向下。

（2）按照图 7-9 连接导线，R_L 为保护电阻，可选择适当电阻值（参考值 10 kΩ，可根据情况更换其他阻值）。注：PIN 光电二极管对应结构件端盖的黄色和黑色插孔，黑色为阴极 K，黄色为阳极 A。

（3）将照度计调至“200 Lx”挡，电压表调至“20 V”挡，电流表调至“20 μA”挡（实验过程中根据实际数值变化，更换合适的挡位）。将“电源调节”旋钮逆时针旋至不可调位置。

（4）打开实验平台电源，调节照度计“调零”旋钮，直到照度计显示“000.0”为止，关闭实验平台电源。

（5）连接光路单元结构红色插孔至照度计输入“+”插孔，连接光路单元结构黑色插孔至照度计输入“-”插孔。

（6）将全彩光源驱动开关 S1，S2，S3 全部拨向上，打开实验平台电源，调节“电源调节”旋钮，使电压表显示数为“10.00”V。

（7）迅速按下“颜色切换”按钮，然后弹起，使“光源指示”显示为“1”，按“照度加”或“照度减”按钮，使照度计显示在“80.0”Lx 左右。记录此时电流表示值于表

7-6 中。

（8）按照步骤（8）调节“颜色切换”按钮至“光源指示”分别显示“2”“3”“4”“5”“6”，调节对应光源下的照度至“80.0”Lx 左右，同时在表 7-6 记录各个光源在 80 Lx 照度下电流表的示值。

表 7-6　PIN 光电二极管光谱特性测试数据记录表

光源标号	1（红色）	2（橙色）	3（黄色）	4（绿色）	5（青色）	6（蓝色）
电流/μA						

（9）将“电源调节”旋钮逆时针旋至不可调位置，关闭实验平台电源。

7. PIN 光电二极管灵敏度的测试

（1）实验测试电路及套筒接口如图 7-7、图 7-8 所示。

（2）按照图 7-9 连接导线，R_L 为保护电阻，可选择适当电阻值（参考值 10 kΩ，可根据情况更换其他阻值）。注：PIN 光电二极管对应结构件端盖的黄色和黑色插孔，黑色为阴极 K，黄色为阳极 A。

（3）将照度计调至“200 Lx”挡，电压表调至“20 V”挡，电流表调至“20 μA”挡（实验过程中根据实际数值变化，更换合适的挡位）。将“电源调节”旋钮逆时针旋至不可调位置。

（4）打开实验平台电源，调节照度计“调零”旋钮，直到照度计显示“000.0”为止，关闭实验平台电源。

（5）连接光路单元结构红色插孔至照度计输入“+”插孔，连接光路单元结构黑色插孔至照度计输入“-”插孔。

（6）打开实验平台电源，调节“电源调节”旋钮，使电压表显示为“10.00”V。

（7）迅速按下“颜色切换”按钮，然后弹起，使“光源指示”显示为“1”，按“照度加”或“照度减”按钮，使照度计显示达到最小值。

（8）将全彩光源驱动单元的开关 S1，S2，S3 全部拨向上方，记录此时的电流表示值 I_1。

（9）只将全彩光源驱动单元的开关 S1 拨向下方，按“照度加”按钮，使照度计显示在“10.00”Lx 左右，记下此时电流表示值 I_2。

（10）按公式 $S_i=\frac{I_2-I_1}{10}$ 计算该偏压下的 PIN 光电二极管的红光电流灵敏度。

（11）将“电源调节”旋钮逆时针旋至不可调位置，关闭实验平台电源。

8. PIN 光电二极管时间响应的特性

（1）将全彩光源驱动单元 S1，S2，S3 全部开关拨向下，实验测试电路及套筒接口如图 7-7、图 7-8 所示。

（2）按照图 7-11 连接导线，R_L 为保护电阻，可选择适当电阻值（参考值 1 MΩ，可根据情况更换其他阻值）。注：PIN 光电二极管对应结构件端盖的黄色和黑色插孔，黑色为阴极 K，黄色为阳极 A。

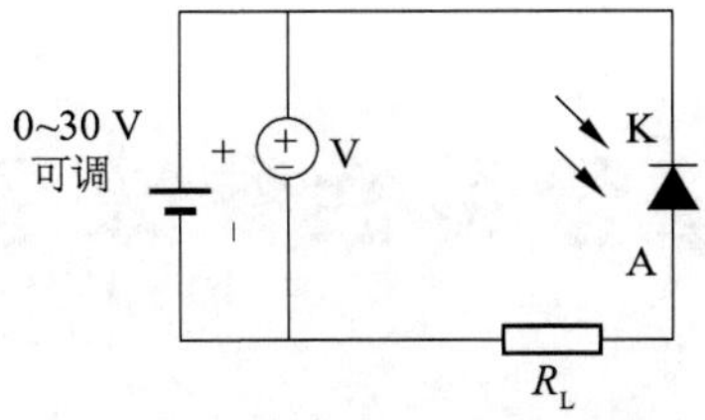

图 7-11　PIN 光电二极管时间响应特性测试电路

（3）将电压表调至“20 V”挡，电流表调至“20 μA”挡（实验过程中根据实际数值变化，更换合适的挡位）。将“电源调节”旋钮逆时针旋至不可调位置。

（4）用导线连接全彩光源驱动单元插孔“PULSE”（J16）与“R”“G”“B”插孔，连接全彩光源驱动单元插孔“GND”（J15）与 0 - 30V 可调电源“ - ”插孔。

（5）打开实验仪电源，调节“电源调节”旋钮，使电压表显示数为 10 V。

（6）用双通道示波器探头 1 测试全彩光源驱动单元插孔“PULSE”（J16），用双通道示波器探头 2 测试光路单元结构绿色插孔，调节“脉宽调节”，使示波器输出波形稳定最佳，读出 2 通道的上升时间，此上升时间即为 PIN 光电二极管的时间响应特性参数。

注意：示波器地线若未接好，容易造成所测波形抖动。

（7）将“电源调节”旋钮逆时针旋至不可调位置，关闭实验平台电源。

【思考题】

（1）思考 PIN 光电二极管与普通的二极管在特性测试上是否有不同的地方？如果有，请说明。

实验八

光电倍增管特性参数系列测试

【实验目的】

（1）了解光电倍增管的基本特性。

（2）学习光电倍增管基本参数的测量方法。

（3）学会正确使用光电倍增管。

【实验内容】

（1）暗电流的测量。

（2）阳极灵敏度的测量。

（3）阴极灵敏度的测量。

（4）阳阴极伏安特性与电流增益（放大倍数）的测试。

（5）光电倍增管阳阴极光电特性的测试。

（6）光电倍增管光电特性与灵敏度的测试。

（7）光电倍增管时间特性的测试。

【实验仪器】

（1）实验平台（1 台）；

（2）光电倍增管暗箱（1 台）；

（3）LED 全彩光源（1 个）；

（4）照度计探头（1 个）；

（5）双踪示波器（1 台）；

（6）同轴电缆线（4 根）。

【实验原理】

1. 工作原理

光电倍增管是一种真空光电器件，它主要由光入射窗、光电阴极、电子光学系统、倍增极和阳极组成。其工作原理为：当光照射光电倍增管的阴极 K 时，阴极向真空中激发出光电子（一次激发），这些光电子聚焦于极电场并进入倍增系统，由倍增电极激发的电子（二次激发）被下一倍增极的电场加速，飞向该极并撞击在该极上再次激发出更多的电子，这样通过逐级的二次电子发射得到倍增放大，放大后的电子被阳极收集作为信号输出。

2. 供电分压器

从光电阴极到阳极的所有电极用串联的电阻分压供电，使管内各极间能形成所需的电场。光电倍增管的极间电压的分配一般由串联电阻分压器执行，最佳的极间电压分配取决于三个因素：阳极峰值电流、允许的电压波动以及允许的非线性偏离。

光电倍增管的极间电压可按前极区、中间区和末极区加以考虑。前极区的收集电压必须足够高，以使第一倍增极有高的收集率和大的次极发射系数，中间级区的各级间通常具有均匀分布的极间电压，以使管子获得最佳的增益。由于末极区各极，特别是末极区取较大的电流，所以末极区各极间电压不能过低，以免形成空间电荷效应而使管子失去应有的直线性。

当阳极电流增大到能与分压器电流相比拟时，将会导致末极区间电压的大幅度下降，从而使光电倍增管出现严重的非线性。为防止极间电压的再分配以保证增益稳定，分压器电流至少为最大阳极电流的 10 倍。对于线性要求很高的应用场合，分压器电流至少为最大阳极平均电流的 100 倍。确定了分压器的电流，就可以根据光电倍增管的最大阳极电压算出分压器的总电阻，再按适当的极电压分配，由总电阻计算出分压电阻的阻值。

3. 电倍增管的特性参数

光电倍增管的特性参数包括灵敏度、电流增益、光电特性、阳极特性、暗电流等。下面介绍本实验涉及的特性参数。

（1）*灵敏度*

灵敏度是衡量光电倍增管探测光信号能力的一个重要参数，一般是指积分灵敏度，其单位为 μA/Lm。光电倍增管的灵敏度一般包括阴极灵敏度、阳极灵敏度。

① 阴极光照灵敏度 S_K

阴极光照灵敏度 S_K 是指光电阴极本身的积分灵敏度。定义为光电阴极的光电流 I_k 除以入射光通量 Φ 所得的商。

$$S_k = \frac{I_K}{\Phi}\ (\mu A/Lm) \tag{8-1}$$

光电倍增管阴极灵敏度的测量原理如图 8-1 所示。入射到阴极 K 的光照度为 E，光电

阴极的面积为 A，则光电倍增管接收到的光通量为

$$\Phi = E \cdot A \tag{8-2}$$

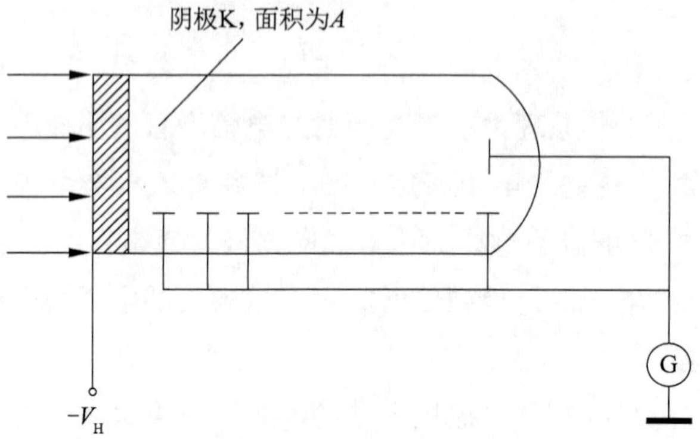

图 8-1　光电倍增管阴极灵敏度测量

由式（8-1）、式（8-2）可以计算出阴极灵敏度。

光源在单位时间向周围空间辐射并引起视觉的能量称为光通量，用 Φ 表示，单位为流明，Lm。单位面积上接受的光通量称为照度，用 E 表示，单位勒克司，Lx。$E = \Phi/S$，其中 S 为受照面积，m^2。

入射到光电阴极的光通量不能太大，否则由于光电阴极层的电阻损耗会引起测量误差。光通量也不能太小，否则会由于欧姆漏电流影响光电流的测量精度，通常采用的光通量的范围为 $10^{-5} \sim 10^{-2}$ Lm。

② 阳极光照灵敏度 S_p

阳极光照灵敏度 S_p 是指光电倍增管在一定工作电压下阳级输出电流与照射阴极上光通量的比值。

$$S_p = \frac{I_p}{\Phi}\ (\mathrm{A/Lm}) \tag{8-3}$$

（2）放大倍数（电流增益）G

放大倍数 G（电流增益）定义为在一定的入射光通量和阳极电压下，阳极电流 I_p 与阴极电流 I_K 间的比值。

$$G = \frac{I_p}{I_K} \tag{8-4}$$

由于阳级灵敏度包含了放大倍数的贡献，于是放大倍数也可以由在一定工作电压下阳极灵敏度和阴极灵敏度的比值来确定，即

$$G = \frac{S_p}{S_K} \tag{8-5}$$

放大倍数 G 取决于系统的倍增能力，因此它是工作电压的函数。

(3) 暗电流 I_d

当光电倍增管在完全黑暗的情况下工作时，在阳极电路里仍然会出现输出电流，称之为暗电流。暗电流与阳极电压有关，通常是在与指定阳极光照灵敏度相应的阳极电压下测定的。引起暗电流的因素有热电子发射、场致发射、放射性同位素的核辐射、光反馈、离子反馈、极间漏电等。

(4) 光电特性

光电倍增管的光电特性定义为，在一定的工作电压下，阳极输出电流 I_p 与光通量 Φ 之间的曲线关系。

(5) 时间特性

由于电子在倍增过程中的统计性质以及电子的初速效应和轨道效应，从阴极同时发出的电子到达阳极的时间是不同的，因此，输出信号相对于输入信号会出现展宽和延迟现象，这就是光电倍增管的时间特性。

4. 高压供电与信号输出

为了使光电倍增管能正常工作，通常在阴极和阳级间加上近千伏的高压。同时，还需在阴极、倍增极和阳极间分配一定的电压，保证光电子能被有效地收集，光电流通过倍增系统得到增大。光电倍增管分压与信号输出电路如图 8-2 所示。

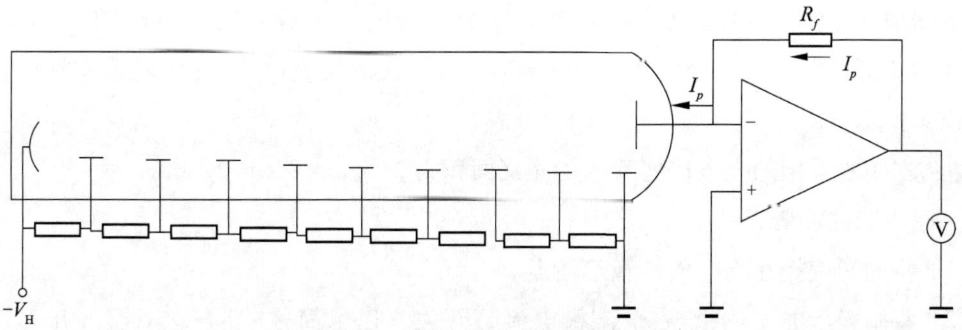

图 8-2　光电倍增管分压与信号输出电路

光电倍增管的供电方式有两种，即负高压接法（阴极接电源负高压，电源正端接地）和正高压接法（阳极接电源正高压，而电源负端接地）。

正高压接法的特点是可使屏蔽光、磁、电的屏蔽罩直接与管子外壳相连，甚至可以制成一体，因而屏蔽效果好，暗电流小，噪声水平低；但这时阳极处于正高压，会导致寄生电容增大。如果是直流输出，则不仅要求传输电缆能耐高压，而且后级的直流放大器也处于高电压，会产生一系列的不便；如果是交流输出，则需通过耐高压、噪声小的隔直电容。

负高压的优点是便于与后面的放大器连接，既可直流输出，又可交流输出，操作安全方便。缺点是玻壳的电位与阴极电位接近，屏蔽罩应至少离玻壳 1 ~ 2 cm；否则，由于静电屏蔽的寄生影响，暗电流与噪声都会增大。

【实验注意事项】

（1）光电倍增管对光的响应极为灵敏。因此，在没有完全隔绝外界干扰光的情况下，切勿对管施加工作电压，否则会导致管内倍增极的损坏。

（2）测量阴极电流时，加在阴极与第一倍增级之间的电压不可超过 200 V，否则容易损坏光电倍增管。

（3）不要用手触摸光电倍增管的阴极面，以免造成光电倍增管透光率下降。

（4）阴极和阳极之间在切换时，首先必须把电压调节到零。

（5）将光源从暗箱上拆下时，首先必须把电压调节到零。

【实验步骤】

准备步骤：用同轴电缆线将光电倍增管暗箱的“PMT 输出”接口与实验平台上的“电流表”输入接口相连，用同轴电缆线将光电倍增管暗箱上的“高压输入”接口与实验平台上的“0～1100 V”的 BNC 接口相连（将 0～1100 V 的“红”“黑”分别接电压表进行测量读数），“光源输出及测量模块”的“全彩光源接口”接暗箱上的“光源”（航空线），暗箱照度探头接平台上的照度表（迭对线颜色一一对应），平台上 0～1100 V 的“+”接电压表“+”，平台上 0～1100 V 的“－”接电压表“－”，并将所有旋钮逆时针调节到最小。

注：本实验采用的光电倍增管的受光面面积为 24 mm×8 mm。

1. 暗电流的测量

（1）将光源旋接在光电倍增管暗箱上。

（2）将暗箱上的“阴极电流/阳极电流”开关（以下简称“阴极/阳极”开关）调至“阳极电流”挡。

（3）缓慢调节“电压调节”旋钮至电压表显示为 1000 V，记下此时电流表的显示值于表 8-1 中，该值即为光电倍增管在 1000 V 时的暗电流。

（4）将高压调节旋钮逆时针调节到零。

表 8-1　暗电流数据记录表

电压/V	暗电流/μA
1000	

2. 阳极灵敏度的测量

（1）将光电倍增管暗箱上的“阴极/阳极”开关调至“阳极电流”挡。

（2）将照度表的调至 20 Lx 挡，调节调零旋钮将照度值调节到 0. 00。

（3）将照度值调节到 10 Lx，并保持光照度不变。

（4）缓慢调节“高压调节”旋钮，分别记下电压为 100 V，200 V，300 V，400 V，500 V，600 V，700 V，800 V，900 V 和 1000 V 时的阳极电流值，填入表 8-2 中。

（5）将“高压调节”旋钮逆时针调节到零，将“光照度调节”旋钮逆时针调节到零。

（6）绘出照度值在 10 Lx 时的 I_A-V 关系曲线。

表 8-2 实验数据记录表

I_P/V	100	200	300	400	500	600	700	800	900	1000
I_P/A										

3．阴极灵敏度的测量

（1）将暗箱上的“阴极/阳极”开关调至“阴极”挡。

（2）将照度表的量程调节到 200 Lx 挡，调节“调零旋钮”将照度值调节到 0. 00。

（3）调节光照度使照度表显示为 100. 0 Lx，保持光照度不变。

（4）调节电压至输出电流饱和（电压最大不超过 200 V），记下此时的电流值 I_K。

（5）将“高压调节”旋钮逆时针调节到零；将“光照度调节”旋钮逆时针调节到零。

（6）按照公式 $S_k=\dfrac{I_K}{\Phi}$（μA/Lm），$E=\Phi/S$（E 是光照度值；Φ 为光通量，Lm；S 为受照面积，m^2），此倍增光的受光面积是 24 mm×8 mm，I_k 为饱和电流，计算阴极灵敏度。

4．光谱特性与灵敏度测量

（1）更换光源颜色，重复“阳极灵敏度测量”和“阴极灵敏度测量”。

（2）测量不用颜色光源条件下的伏安特性。

（3）测量不用颜色光源条件下的灵敏度。

5．光电倍增管伏安特性及增益（放大倍数）的测试

（1）计算当光照度为 10 Lx 时，阳级电压分别为 500 V，600 V，700 V，800 V，900V 和 1000V 时的放大倍数。

（2）记录光照强度为 10 Lx 时的 I，V 数据于表 8-3 中，绘出该光照度下的 $I-V$ 曲线，并对曲线进行分析。

表 8-3 实验数据记录表

V/V	500	600	700	800	900	1000
I/μA						

6．光电倍增管光电特性的测试

（1）将光电倍增管暗箱上的“阴极/阳极”开关打到“阳极”挡。

（2）将光照度调节到零，照度表调节到 200 Lx 挡，调节“调零旋钮”将照度值调节到零，然后调节“光照度旋钮”使照度表显示为 10 Lx，保持光照度不变，将光源与照度计探头分开；再将光源旋接在光电倍增管暗箱上。

（3）缓慢增加电压到 1000 V（光电倍增管正常工作电压），记下此时电流值填入表 8-4 中。

（4）将“高压调节”旋钮逆时针调节到零。

（5）重复步骤（2）（3）（4），分别测出光照度为 20 Lx，30 Lx，40 Lx，50 Lx，60 Lx，70 Lx，80 Lx 和 90 Lx 时的电流值，并记录于表 8-4 中。

（6）绘出光电倍增管的 $I-E$ 曲线并分析。

表 8-4　实验数据记录表

E/Lx	10	20	30	40	50	60	70	80	90
I/μA									

7. 光电倍增管时间特性的测试

注意：将“电流正”和“电流负”从电流表“+”“-”拆除，分别接电阻 100 kΩ 两端（电阻大小可根据实际情况调整），其他接线保持不变。

（1）将实验仪上的“静态/时间”开关调至“时间特性测试”挡，将“200 V/1100 V”开关调至“1100 V”挡。

（2）将光电倍增管暗箱上的“阴极/阳极”开关调至“阳极电流”挡。

（3）用 BNC 导线连接信号源“方波”与光源驱动及调制模块的“调制输入”。

（4）用双通道示波器探头 1 测试“TEST +”和“TEST -”，用双通道示波器探头 2 测试电阻两端（若信号不稳定，可颠倒电阻两端进行测试），调节“占空比调节”，使示波器输出波形稳定最佳，读出 2 通道的上升时间，此上升时间即为时间响应特性参数。

注意：示波器地线若未接好，容易造成所测波形抖动。

（5）使电压稳定在 1000 V 左右，观察实验现象。

（6）将“高压调节”旋钮逆时针调节到零。

（7）记录实验现象，并对实验现象进行解释。

【思考题】

（1）阳极灵敏度测量与阴极灵敏度测量有什么不同的地方？

（2）光电倍增管与普通的二极管、三极管有什么区别？

实验九

光电耦合器件特性测量及应用

【实验目的】

（1）掌握光电耦合器件的原理和结构。

（2）掌握光电耦合器件的电流传输比特性。

（3）掌握光电耦合器件的伏安特性。

（4）掌握透射型光电耦合开关的实际应用，包括转速计和里程表。

【实验内容】

（1）光电耦合器件的输出电流与输入电流比的测试。

（2）光电耦合器件的伏安特性的测试。

（3）透射型光电耦合开关的转速计设计、里程表应用。

【实验仪器】

（1）实验平台（一台）；

（2）光电耦合实验模块（一块）；

（3）连接导线（若干）。

【实验原理】

1. 光电耦合器件的工作原理

光电耦合器件是把发光器件与光敏接收器件集成在一起实现信号传输作用的器件，光电耦合器件的发光件常采用 LED 发光二极管、LD 半导体激光器和微形钨丝灯等，光电接收器件常采用光电三极管、光电二极管、光电池及光敏电阻等。其主要特点是以光为媒介实现信号的传输，使输入与输出在电气上完全隔离。

图 9-1 为发光器件（发光二极管）与光电接收器件（光电二极管或光电三极管）被封

装在黑色外壳内的光电耦合器件，图 9-2 为发光器件与光电器件封装在金属管壳内构成的光电耦合器件。光电耦合器件输入输出绝缘特性好，绝缘电阻高于兆欧量级，信号通过光传输，因此具有脉冲变压器、继电器、开关电器的功能。

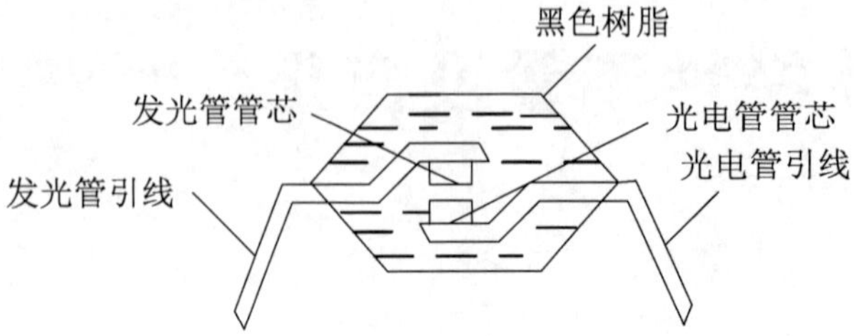

图 9-1　黑色树脂封装

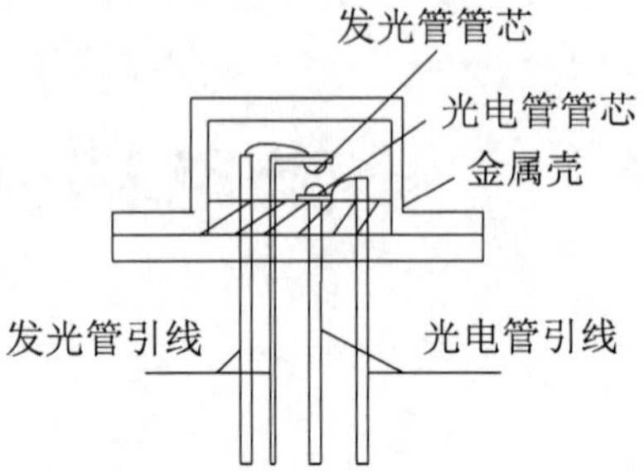

图 9-2　金属壳封装

2．光电耦合器件的封装结构和电路符号

图 9-3 为 DIP 封装形式的光电耦合器件。这种封装形式的器件有多种，可将几组光电耦合器封装在一片 DIP 中，用作多路信号隔离传输。

光电耦合器件的电路符号如图 9-4 所示：图中的发光二极管泛指一切发光器件，图中的光电三极管泛指一切光电接收器件。

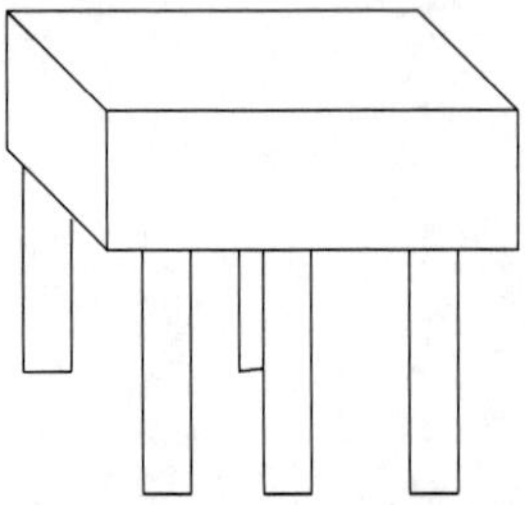

图 9-3　DIP 封装的光电耦合器

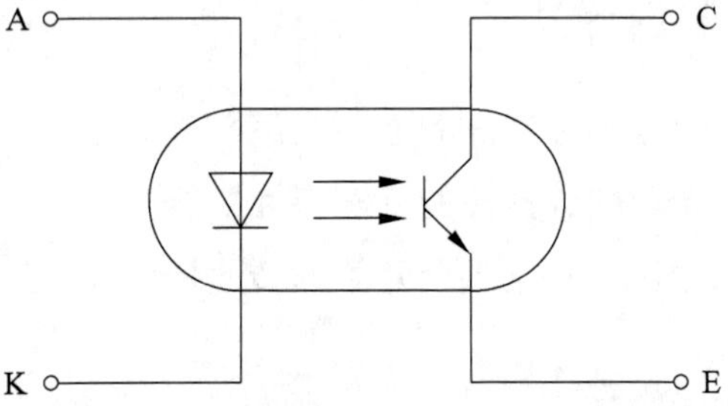

图 9-4　光电耦合器件的电路符号

3．光电耦合器件的电流传输比

在直流工作状态下，将光电耦合器件的集电极电流 I_c 与发光二极管的注入电流 I_f 之比定义为光电耦合器件的电流传输比，用 β 表示，$\beta = I_c/I_f$。

光电耦合器件的伏安特性即为光电耦合器件的输出特性，在一定的光照下，加到光耦光敏三极管两端的电压 U_c 与流过光电耦合器件集电极的电流 I_c 之间的关系称为光电耦合器件的伏安特性。一般通过改变光电耦合器件的发光二极管的电流 I_f 来改变发光二极管的发光强度。通过测量不同 I_f 情况下，U_c/I_c 的值可得到光耦的伏安特性。

图 9-5 为光电耦合器件的伏安特性曲线，在光电耦合器件的伏安特性曲线中选一工作点 Q，该点所对应的发光电流为 I_{FQ}，对应的集电极电流为 I_{CQ}。如果工作点选在靠近截止区点 Q_1，虽然发光电流 I_f 变化了 ΔI_f，但相应的 ΔI_c 的变化量却很小，β 值明显要变小；

同理，当工作点选取接近饱和区的点 Q_3 时，β 值也要变小。

4. 光电转速计、光耦里程表

透射型光电开关形状如图 9-6 所示，光电发射器件（LED）与光电接收器件（光电三极管）分别安装在器件的两臂上，分离尺寸一般为 4 ~ 12 mm。当有物体挡在光电耦合开关的两臂中间时，光信号的接收通路被阻断，所以有物体移动时光电开关就会工作在开关状态，起到开关控制的作用。

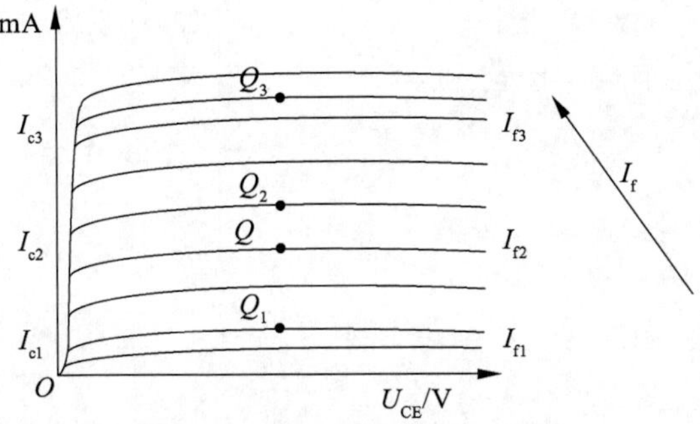

图 9-5　光耦伏安特性曲线图

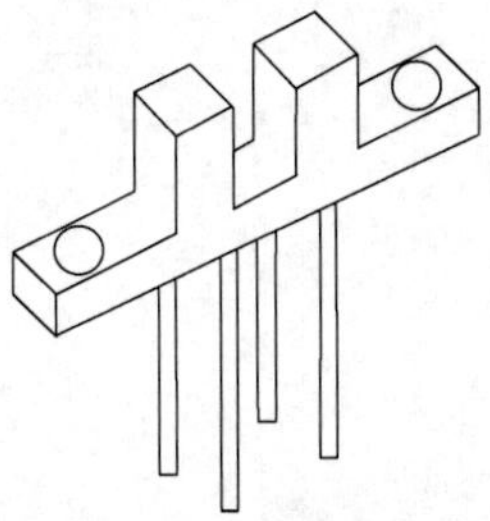

图 9-6　透射型光电开关

脉冲信号经过光电开关后，通过“0，1”信号对发光二极管的光发送信号进行调制，通过光电二极管的接收还原为“0，1”信号，实现了对信号的传输。

透射型光开关的开关可应用到实际生活中的汽车里程表设计中。里程表用于累计、储存和显示车辆所走过的路程，既有在需要的时候重新置值的短途表，也有用来指示车辆走过的总里程表。每次行驶里程即利用集成电路通过车速传感器所产生的脉冲数信号来计算并存储车辆所走过的里程；累加各次行驶过的里程数，便可得到总里程数。在本实验中，我们在光电转速测量电路的基础上，将光电耦合开关输出的脉冲信号 Fout 作为里程表的输入信号，利用单片机编程实现对脉冲计数、里程数的转换及显示，电路图如图 9-7 所示。对经转盘调制的脉冲进行整形，将此脉冲送给单片机。

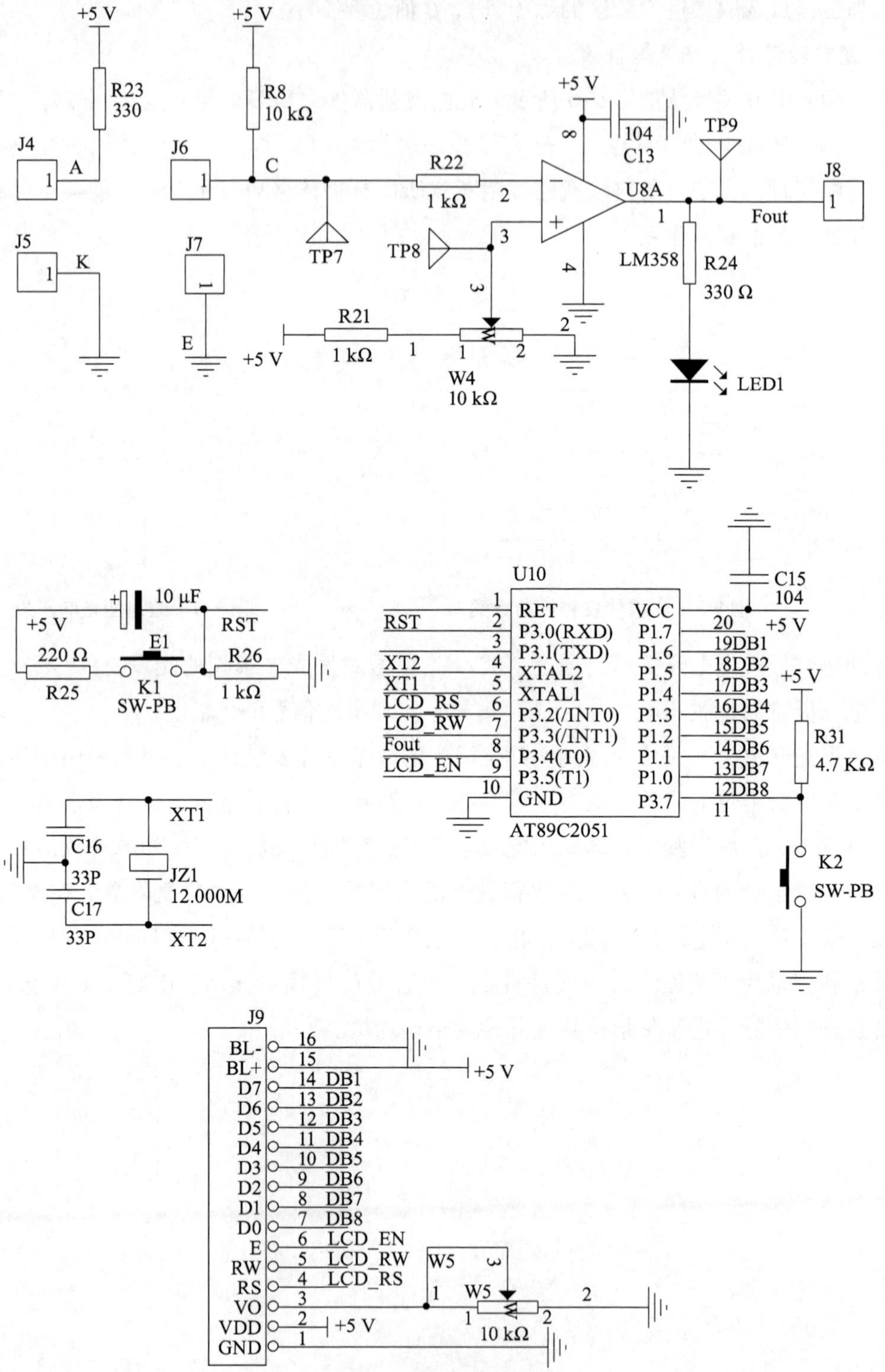

图 9-7　光耦里程表原理图

使用单片机的计数器得到调制后的脉冲数，通过计算得到转盘转速和里程数，转盘上开有 6 个孔，透射型光开关的输出信号频率为 Fout，则转盘的转速为 speed = 3. 6 * Fout * D * PI/6 (km/h)；其中 D 为转盘直径，PI 为 3. 14。里程数为每秒所走里程的累加。

【实验注意事项】

(1) 打开电源之前，将“电源调节”处旋钮逆时针调至底端。

(2) 实验操作中不要带电插拔导线，应该在熟悉原理后，按照接线图连接，检查无误后，方可打开电源进行实验。

(3) 若电流表或电压表显示为“1_ ”，说明超出量程，应选择合适的量程再测量。

(4) 严禁将任何电源对地短路。

【实验步骤】

1. 光电耦合器件的特性测试实验

光电耦合器件的特性实验原理图如图 9-8 所示。

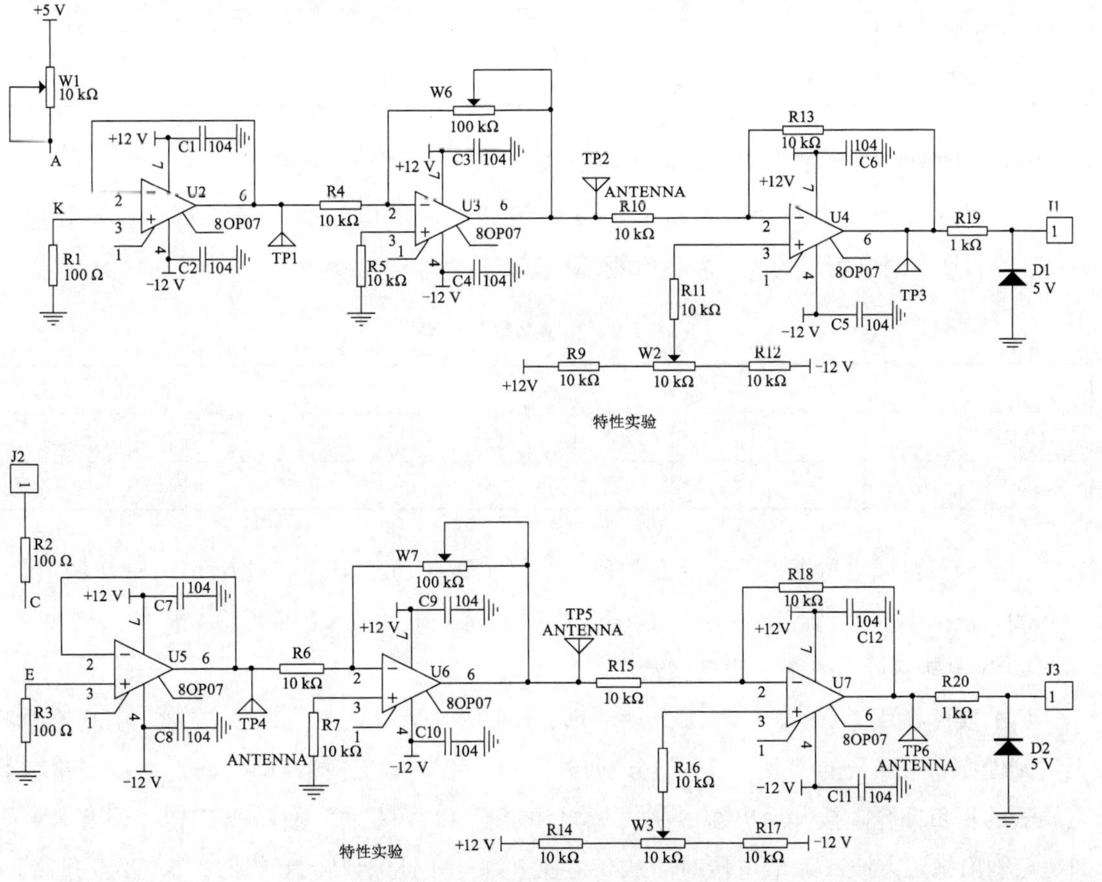

图 9-8　光电耦合器特性实验原理图

(1) 开启电源，将输入调节逆时针拧到头，调节 W2，使 J1 点电压为零，调节 W3，使 J3 点电压为零。

（2）将 J2 连接可调电源 0 ~ 30 V 的 “ + ”，可调电源 0 ~ 30 V 的 “ − ” 连接模块 GND，将电压调至 5 V（注意电压不要超过 12 V），调节电位器输入调节 W1 测量 TP1 点的电压，调节电位器放大 W6 测量 TP3 点电压（注意 U1 插座的 4，5 脚空着，其余 6 个管脚与 U1 芯片对应插接）。

（3）调节电位器 W1 测量 TP1 点、TP4 点的电压，调节电位器 W7 测量 TP6 点电压。

（4）保持电位器 W1 的值不变，即 TP1 点电压不变，改变可调电源电压，测量在不同电压下，TP4 点的电压。

（5）保持可调电源为 5 V，调节可调电位器 W1 的大小，记录下每次调节可调电位器时 $I_f = E_f/R_1$ 和 $I_c = E_c/R_3$ 的值（E_f 为 TP1 点电压，E_c 为 TP4 点的电压，$R_1 = R_3 = 100\ \Omega$），并将其填入表 9-1。

表 9-1　光电耦合器件电流传输比实验数据记录表

I_f/mA									
I_c/mA									
$\beta = I_c/I_f$									

（6）根据表 9-1 中的数据，绘制出光电耦合器的 $I_f - \beta$ 关系曲线。

（7）在 I_f 不变的条件下，改变 0 ~ 30 V 可调电源的电压值 U（注意电压不要超过 12 V），测量不同电压下的 I_c，并将数据填入表 9-2 中。

表 9-2　实验数据记录表

I_f/mA										
U/V										
I_c/mA										

（8）调节可调电位器 W1 改变 I_f 的值，重复步骤（7）。记录不同 I_f 下 U 和 I_c 的值。

（9）根据不同 I_f 情况下 U 和 I_c 的值，绘制不同 I_f 下的 $U - I_c$ 曲线。

2. 光电转速计、光耦里程表实验

（1）实验模块上 A，K，C，E 与 A − IN，K − IN，C − IN，E − IN 相连接，实验箱主板上可调偏压 0 ~ 30 V 的 “ + ”“ − ” 分别与 “V + ”“V − ” 连接，同时分别连接实验箱上电压表的正负插孔。按开启电源，将可调电源调到 12 V 左右，使转盘旋转，调节 W4 使 TP9 点输出稳定方波（调节电压时需从 0 V 往上调，并且保证转盘转速适当，不要过高）。

（2）调节转盘的转速测量 TP9 的波形，观察 TP9 点波形频率的变化。

（3）按下复位开关 K1，观察液晶屏上显示的内容，第一行为里程数，第二行为转速。

speed = 3.6 * Fout * D * PI/6（km/h），其中透射型光开关的输出信号频率为 Fout，D 为转盘直径程序里设置为 1 m，PI 为 3.14。distance 为每秒所走里程数的叠加，K1 开关起复位作用，按下 K1 速度和里程都清零。

（4）改变转盘转速观察液晶屏所显示的 speed 和 distance 的变化情况。

3. 光电耦合开关转速计、里程表设计实验

（1）对照单片机模块实验指导书，熟悉单片机及各外围电路功能及用法，掌握单片机开发方法。

（2）参考单片机模块实验及光耦转速计、里程表实验编写程序，设计相关电路及编写程序实现里程表功能。

（3）参考单片机模块实验指导书，自行编程，程序流程图如图 9-9 所示，实现对脉冲频率的计数，将频率值进行相关运算得到速度值和里程值（可参考光耦里程表模块源程序）。

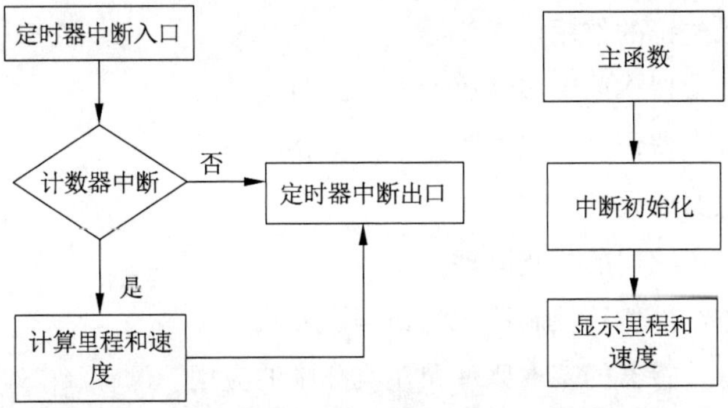

图 9-9　程序流程图

（4）将自行编写程序的“.hex”文件单片机（详见“单片机实验模块”的软件的安装及使用），重复光耦里程表实验的实验步骤，验证光耦里程表实验（调试时将光电耦合模块上的单片机拔去）。

【思考题】

（1）光电耦合器在现实生活中，除了记录里程数，还可以应用在什么方面？

实验十

热释电传感器

【实验目的】

（1）了解热释电的结构及传感器特性。

（2）了解菲涅尔透镜的作用。

（3）学习运算放大器作前置多级放大电路的应用。

（4）学习运算放大器作窗口式电压比较器电路的应用。

（5）了解延时电路的设计应用。

（6）掌握热释电传感器的探测原理。

（7）掌握热释电红外传感控制器的电路调试方式。

（8）了解热释电传感器的基本原理和在实际中的应用。

（9）练习自拟简单的热释电报警系统设计实验。

【实验内容】

（1）热释电探测组件原理认知实验。

（2）超低频信号放大电路实验。

（3）窗口比较电路实验。

（4）延时开关量输出控制实验。

（5）热释电传感器响应距离特性实验。

（6）热释电报警设计实验。

【实验仪器】

（1）实验平台（一台）；

（2）热释电传感器实验模块（一块）；

（3）双踪示波器（一台）；

（4）万用表（一块）；

（5）连接导线（若干）。

【实验原理】

1. 热释电器件

热释电器件是一种利用某些晶体材料的自发极化强度随温度变化而产生的热释电效应制成的新型热探测器件，它相当于一个以热电晶体为电介质的平板电容器。热电晶体具有自发极化性质，自发极化矢量能够随着温度变化，所以入射辐射可引起电容器电容的变化，因此可利用这一特性来探测变化的辐射。

1）热释电效应

热敏晶体是压电晶体的一种，具有非中心对称的晶体结构。自然状态下，极性晶体内的分子在某个方向上的正负电荷中心不重合，从而在晶体表面存在着一定的极化电荷。当晶体的温度变化时，可引起晶体的正负电荷中心发生位移，因此表面上的极化电荷即随之变化，这就是热释电效应。

图 10-1 显示出了热敏晶体的热释电效应。温度恒定时，因晶体表面吸附有来自周围空气中的异性自由电荷，故而观察不到它的自发极化现象。自由电荷中和极化电荷的时间根据环境中自由电荷的来源约为数秒到数小时。如果晶体的温度在极化电荷被中和掉之前因吸收辐射而变化，则晶体表面的极化电荷亦随之变化，它周围的吸附电荷跟不上它的变化而使晶体表面失去平衡，这时即显现出晶体的自发极化现象。这一过程的平均作用时间为 $\tau=\dfrac{\varepsilon}{\sigma}$，式中，$\varepsilon$ 为晶体的介电系数，σ 为晶体的电导率。自发极化的弛豫时间很短，约为 10^{-12} s。所以，当入射辐射是变化的，且仅当辐射的调制频率 $f=\dfrac{1}{\tau}$ 时才有热释电信号输出，即热释电探测器是工作于交变辐射下的非平衡器件。

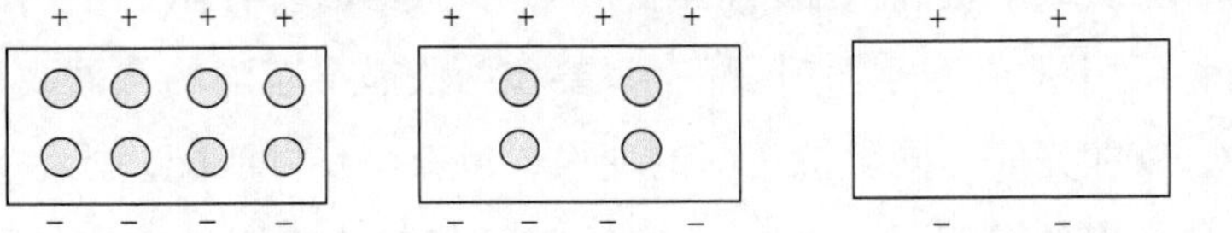

图 10-1　热敏晶体在温度变化时所显示的热释电效应

设晶体的自发极化矢量为 P_s，P_s 的方向垂直于电容器的极板平面。接收辐射的极板和另一极板的重合部分面积为 A，辐射引起的晶体温度变化为 ΔT。因此，引起表面极化电荷的变化为

$$\Delta Q = A\Delta \boldsymbol{P}_s \tag{10-1}$$

若改变式（10-1）形式，则为

$$\Delta Q = A\ (\Delta \boldsymbol{P}_s/\Delta T)\ \Delta T = A\lambda\Delta T \tag{10-2}$$

式中，$\lambda = \Delta \boldsymbol{P}_s/\Delta T$ 称热释电系数。

2）热释电器件的特性

制作热释电器件的常用材料有硫酸三甘肽晶体、钽酸锂晶体、聚氟乙烯和聚二氟乙烯聚合物薄膜等。但无论哪种材料，都有一个特定温度，称为居里温度。当温度高于居里温度后，自发极化矢量减小为零，只有低于居里温度时，材料才有自发极化性质。所以正常使用时，要使器件工作于离居里温度稍远一点的温度区。

热释电器件的基本结构是一个电容器，因此输出阻抗很高，它后面常接有场效应管，构成源极跟随器的形式，使输出阻抗降低到适当数值。

总之，热释电器件是一种比较理想的热探测器，其机械强度、响应灵敏度、响应速度都很高。根据工作原理，它只能测量变化的辐射，入射辐射的脉冲宽度必须小于自发极化矢量的平均作用时间；辐射恒定时无输出。利用热释电器件来测量辐射体温度时，它的直接输出是背景与热辐射体的温差，而不是热辐射体的实际温度。所以，要确定热辐射体的实际温度，必须另设一个辅助探测器，先测出背景温度，然后再将背景温度与热辐射体的温差相加，则得出被测物的实际温度。另外，因各种热释电材料都存在一个居里温度，所以它只能在低于居里温度的范围内使用。

2. 热释电红外传感器

热释电红外传感器内部由敏感单元、阻抗变换器和滤光窗等三大部分组成。

敏感单元：对不同的传感器，敏感单元的制作材料不同。从原理上讲，任何发热体都会产生红外线，热释电红外传感器对红外线的敏感程度主要表现在传感器敏感单元的温度所发生的变化，而温度的变化导致电信号的产生。所以，红外传感器只对物体的移动或运动敏感，对静止或移动很缓慢的物体不敏感，它可以抗可见光的干扰。

阻抗变换器：当负载阻抗和传输特性阻抗不等，或两段特性阻抗不同的传输线相连接时均会产生反射，可用阻抗变换器来匹配，只要在两段需要匹配的传输线之间，插入一段或多段传输线段，就能完成不同阻抗之间的变换，以获得良好匹配，故称为阻抗变换器。

滤光窗：人体辐射的最强的红外线的波长正好落在滤光窗的响应波长（7 ~ 14 μm）的中心。所以，滤光窗能有效地让人体辐射的红外线通过，而最大限度地阻止阳光、灯光等可见光中的红外线通过，以免引起干扰。

热释电红外传感器主要是由一种高热电系数的材料，如锆钛酸铅系陶瓷、钽酸锂、硫酸三甘钛等制成的探测元件。在每个探测器内装入一个或两个探测元件，并将两个探测元件以反极性串联，以抑制由于自身温度升高而产生的干扰。由探测元件将探测并接收到的红外辐射转变成微弱的电压信号，经装在探头内的场效应管放大后向外输出。为了提高探测器的探测灵敏度以增大探测距离，一般在探测器的前方装设一个菲涅尔透镜，该透镜用透明塑料制成，将透镜的上、下两部分各分成若干等分，制成一种具有特殊光学系统的透镜，它和放大电路相配合，可将信号放大，这样就可以测出一定范围内人的行动。

菲涅尔透镜利用透镜的特殊光学原理，在探测器前方产生一个交替变化的“盲区”和“高灵敏区”，以提高它的探测接收灵敏度。当有人从透镜前走过时，人体发出的红外线就不断交替从“盲区”进入“高灵敏区”，这样就使接收到的红外信号以忽强忽弱的脉冲形式输入，从而加强其能量幅度。

3. 菲涅尔透镜

菲涅尔透镜，简单地说就是在透镜的一侧有等距的齿纹，通过这些齿纹，可以达到对指定光谱范围的光带通（反射或者折射）的作用。传统的打磨光学器材的带通光学滤镜造价昂贵，菲涅尔透镜可以极大地降低成本，典型的例子就是 PIR（被动红外线探测器）。PIR 广泛应用在警报器上。在每个 PIR 上都有个塑料的小帽子，小帽子的内部都刻上了齿纹，这就是菲涅尔透镜。这种菲涅尔透镜可以将入射光的频率峰值限制到 10 μm 左右（人体红外线辐射的峰值），成本相当低。

菲涅尔透镜多是由聚烯烃材料注压而成的薄片，也有玻璃制作的，镜片表面一面为光面，另一面刻录了由小到大的同心圆，它的纹理是利用光的干涉及扰射和根据相对灵敏度及接收角度要求来设计的。透镜的要求很高，一片优质的透镜必须表面光洁、纹理清晰，其厚度也随用途而变，多在 1 mm 左右，特性为面积较大、厚度薄及侦测距离远。

菲涅尔透镜在很多时候相当于红外线及可见光的凸透镜，效果较好，但成本比普通的凸透镜低很多，多用于对精度要求不是很高的场合，如幻灯机、薄膜放大镜、红外探测器等。

菲涅尔透镜作用有两个：一是聚焦作用，即将热释红外信号折射（反射）在 PIR 上，第二个作用是将探测区域内分为若干个明区和暗区，使进入探测区域的移动物体能以温度变化的形式在 PIR 上产生变化热释红外信号。

菲涅耳透镜可以把透过窄带干涉滤光镜的光聚焦在硅光电二级探测器的光敏面上，菲涅尔透镜由有机玻璃制成，不能用任何有机溶液（如酒精等）擦拭，除尘时可先用蒸馏水或普通净水冲洗，再用脱脂棉擦拭。

现在的相机对焦屏都是磨砂毛玻璃菲涅尔透镜，其优点是明亮和亮度均匀。对焦不准时，在对焦屏上的成像是不清晰的。为了配合更精确地对焦，一般在对焦屏中央装有裂像和微棱环装置。当对焦不准时，被摄体在对焦屏中央的像是分裂成两个图像的，当两个分裂的图像合二为一时，表明对焦准确了。AF 单反机的标准对焦屏一般不设有裂像装置，而是刻有一个小矩形框来表示 AF 区域，有些对焦屏上还刻有局部测光或点测光区域。早期 AF 单反机在光线较暗环境中对焦时，往往很难看见对焦框，就难以判断相机是以哪一点来作为对焦点，新一代单反机对焦屏上的对焦点会发光，或者有对焦声音提示，便于在复杂环境中确认对焦。不同类型的对焦屏有不同的用途，如拍摄人像可能用裂像对焦屏更好，带横竖线或刻度的对焦屏适用于建筑物摄影和文件翻拍；中间部分没有裂像而只有微棱的对焦屏适用于小光圈镜头，它不会有裂像一边亮一边黑的缺点。不少单反相机焦屏可由用户自己更换，又称螺纹透镜。

4．超低频信号放大

热释电探测器实际是一种热伏器件，其工作原理基于热电效应，热电材料表面吸收红外光线时温度发生变化，因而其表面电荷便随之而变，由此得到电信号，它所探测的光谱响应主要由红外透光窗的材料（器件内部）来决定。

当人体辐射的红外线通过菲涅尔透镜被聚焦在热释电红外传感器的探测元上时，电路中的传感器将输出电压信号，然后使该信号先通过一个由 R，C 组成的滤波器进行滤波。由于热释电红外传感器输出的探测信号电压十分微弱（通常仅有 1 mV 左右），而且是一个变化的信号，同时菲涅尔透镜的作用又使输出信号电压呈脉冲形式（脉冲电压的频率由被测物体的移动速度决定，通常为 0.1～10 Hz），所以应对热释红外传感器输出的电压信号进行放大。本设计运用集成运算放大器 LM324 来进行两级放大，以使其获得足够的增益。

需要说明的是，由于环境因素，热释电探测器探测红外信号后输出电压较理论值高。

5．窗口比较

当传感器探测到人体辐射的红外线信号并经放大后送给窗口比较器时，若信号幅度超过窗口比较器的上下限，系统将输出高电平信号；无异常情况时，则输出低电平信号。在该比较器中，两电阻及可调电位器 W2 用作参考电压，两个运算放大器用作比较，两个二极管的主要作用是使输出更稳定。窗口比较器的下限参考电压为 1.2 V，通过调节 W2 后可使上限参考电压为 1.2～3.8 V。

当调节 W2 到一定值，即可确定窗口比较单元的上限参考电压，当输入窗口比较器的信号在上下门限参考电压之内时，窗口比较输出为低电平，否则输出高电平。根据此电路设计方式，判定传感器探测信号处理后是否在门限范围内。

6．延时开关量输出控制

本实验单元电路设计是基于 NE555 作为定时器应用原理而设计的，555 定时器由 3 个阻值为 5 kΩ 的电阻组成的分压器、两个电压比较器、基本 RS 触发器、放电 BJT 以及缓冲器组成。由 555 构成的单稳态触发器及工作波形如图 10-2 所示。电源接通瞬间，电路有一个稳定的过程，即电源通过电阻 R 向电容 C 充电，当 V_C 上升到 $\frac{2}{3}V_{CC}$ 时，触发器复位，V_O 为低电平，放电 BJT 导通，电容 C 放电，电路进入稳定状态。

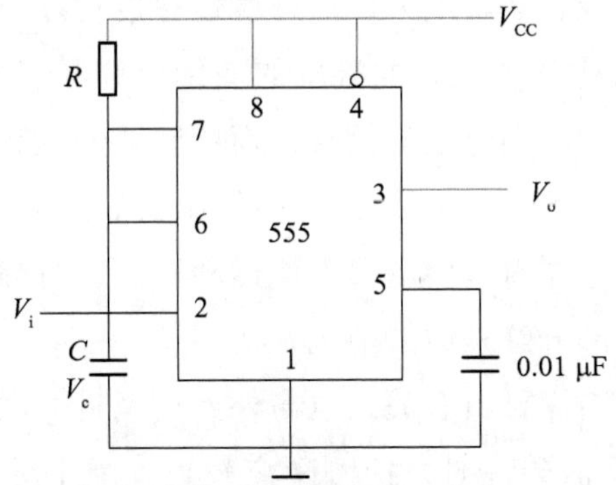

(a) 电路图

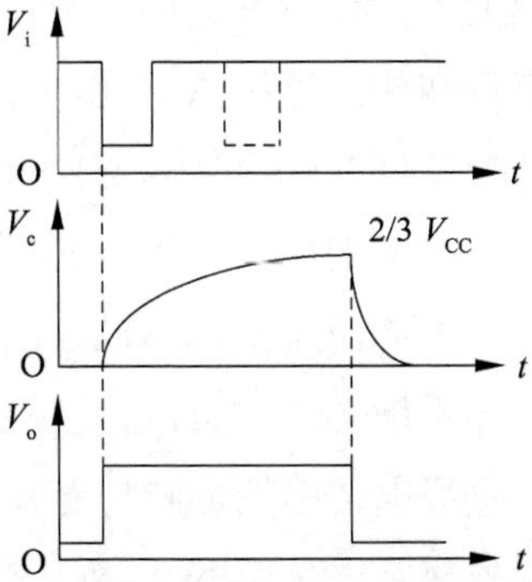

(b) 工作波形

图 10-2　由 555 定时器构成的单稳态触发器

若触发输入端施加触发信号（$V_i < \frac{1}{3}V_{CC}$），触发器发生翻转，电路进入暂稳态，V_o 输出高电平，且 BJT 截止。此后电容 C 充电至 $V_c = \frac{2}{3}V_{CC}$ 时，电路又发生翻转，V_o 为低电平，BJT 导通，电容 C 放电，电路恢复至稳定状态。

如果忽略 BJT 的饱和压降，则 V_c 从零电平上升到$\frac{2}{3}V_{CC}$的时间，即为输出电压 V_o 的脉宽 t_W。

$$t_w = RC\ln 3 = 1.1RC \tag{10-3}$$

这种电路产生的脉冲宽度可从几微秒到数分钟，精度可达 0.1%。

通常 R 的取值在几百欧姆至几兆欧姆之间，电容取值为几百皮法到几百微法。由图 10-2 可知，如果在电路的暂稳态持续时间内，加入新的触发脉冲（如图 10-2b 中虚线所示），则该脉冲不起作用，电路为不可重复触发单稳。

将 3 脚输出的脉宽信号作为发光二极管驱动电路的输入控制信号，以使指示灯 D5 发光，延时一段时间后熄灭。

7. 热释电传感器的响应距离特性

热释电传感器利用的是热释电效应，是一种温度敏感传感器。它由陶瓷氧化物或压电晶体元件组成，元件两个表面做成电极，当传感器监测范围内温度有 ΔT 的变化时，热释电效应会在两个电极上产生电荷 ΔQ，即在两电极之间产生一微弱电压 ΔV。由于它的输出阻抗极高，所以传感器中有一个场效应管进行阻抗变换。热释电效应所产生的电荷 ΔQ 会跟空气中的离子所结合而消失；当环境温度稳定不变时，$\Delta T = 0$，传感器无输出。当人体进入检测区时，因人体温度与环境温度有差别，产生 ΔT，则有信号输出；若人体进入检测区后不动，则温度没有变化，传感器也没有输出，所以这种传感器能检测人体或者动物的活动。

从原理上讲，任何发热体都会产生红外线，热释电人体红外线传感器对红外线的敏感程度主要表现在传感器敏感单元的温度所发生的变化，而温度的变化导致电信号的产生。环境与自身的温度变化由其内部结构决定了它不向外输出信号，而传感器的低频响应和对特定波长红外线的响应决定了传感器只对外界红外线辐射引起的传感器的温度变化敏感，而这种变化对人体而言就是移动。所以，传感器对人体的移动或运动敏感，对静止或移动很缓慢的人体不敏感；它可以抗可见光和大部分红外线的干扰。

总之，热释电传感器的响应距离与自身结构材料有关，也与外界环境有关联。实际运用中，对红外热释电传感器来说，不加菲涅尔透镜时，探测距离较近，配上菲涅尔透镜后，其探测距离将十倍地增加。

本实验采用 LM324 作为前置放大器，增益过高信号会产生漂移，过低会使增益下降，被测距离变近。因此在设计时需二者兼顾，缺一不可。调节电位器 W1 及调节比较电路门限参考电压，使无探测信号时，比较器输出低电平信号，有探测信号时，输出高电平。同时被探测信号的强弱经放大处理后，也间接反映了传感器对距离的探测响应程度。

8. 热释电报警设计

热释电可以组成红外报警系统。该系统主要由光学系统、热释电红外传感器、信号处理部分及报警电路组成。光学系统主要由一个菲涅尔透镜组成。对于辐射到热释电红外传感器的红外辐射，可以通过安装在传感器前面的这个菲涅尔透镜将其聚焦后加在传感器的探测元上，同时产生交替变化的红外辐射的高灵敏区和盲区，以适应热释电探测元要求信号不断变化的特性，从而使传感器输出电压信号。而热释电红外传感器是被动式红外报警的核心器件，它可以将人体的红外信号转化为电信号，以供信号处理部分使用。信号处理部分是对热释电传过来的信号进行滤波，放大、比较、延时，为报警功能的实现打下基础。其系统实现框图如图 10-3 所示。

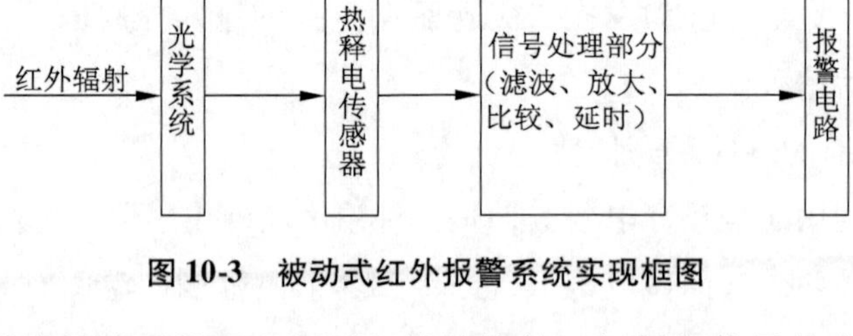

图 10-3　被动式红外报警系统实现框图

被动式红外报警实验涉及热释电探测组件结构件、超低频信号放大单元、光电报警单元。其中热释电探测组件实现红外辐射信号的电压转换输出；超低频信号放大单元实现探测信号的放大、滤波及比较，当有信号时，此单元输出有从低电平到高电平的上升沿变化，其中 W1 即为比较电路判决电平调节电位器；光电报警单元主要实现报警保持及消除的控制，此单元设计为报警音乐芯片驱动电路，当有高电平信号输入时，此电路产生报警。

【实验注意事项】

（1）实验操作中不要带电插拔导线及元器件。

（2）严禁将任何电源对地短路。

（3）热释电探测组件结构件方向应远离空气、温度变化比较敏感的地方。

【实验步骤】

1. 热释电探测组件原理认知实验

（1）用导线将热释电探测组件结构件的红色插孔连接至台体的“+5 V”，黑色插孔连接至主箱体的“GND”，打开实验仪开关电源，用万用表测量此时黄色插孔输出信号电压值。

（2）用手纵向垂直（从上到下）切过透镜前方，且由近及远，用示波器测试黄色插孔输出信号，观察变化情况（注：示波器与实验仪必须共地，且此时将示波器测试通道调节为200 mV/格，选为“直流”）。

（3）关闭电源，旋开探测组件前端盖，取下菲涅尔透镜，小心放置于旁边，然后打开电源开关，重复步骤（2）。

（4）实验完毕后，关闭电源，将菲涅尔透镜固定于组件前端，拆除连接导线并放置好，还原实验仪等设备。

2. 超低频信号放大电路实验

（1）将“判决调节”旋钮逆时针旋转至底端。

（2）将热释电探测组件单元的红、黄、黑三色插孔（红色插孔—D；黄色插孔—S；黑色插孔—G）分别连接至“超低频信号放大”单元的D（J1），S（J2），G（J3）。

（3）打开电源，用万用表测量 S 的输出电压值，待稳定后记录下来。

（4）用示波器探头1测试J4处的信号波形，当用手垂直纵向（从上至下）切过透镜前方时，观察此时波形的变化情况（注：示波器与实验仪必须共地，若此时观察波形变化不灵敏，可将组件前端透镜取下来，再进行实验）。

（5）用示波器探头2测试J5处的信号波形，调节“判决调节”旋钮，当用手垂直纵向（从上至下）切过探测器前方时，观察J5输出波形变化情况。

（6）实验完毕后，按下“电源”开关K1，关闭电源，拆除导线并放置好，还原实验仪等设备。

►二次开发设计实验

（1）利用二次开发实验模块自行搭建电路，电路如图10-4所示。

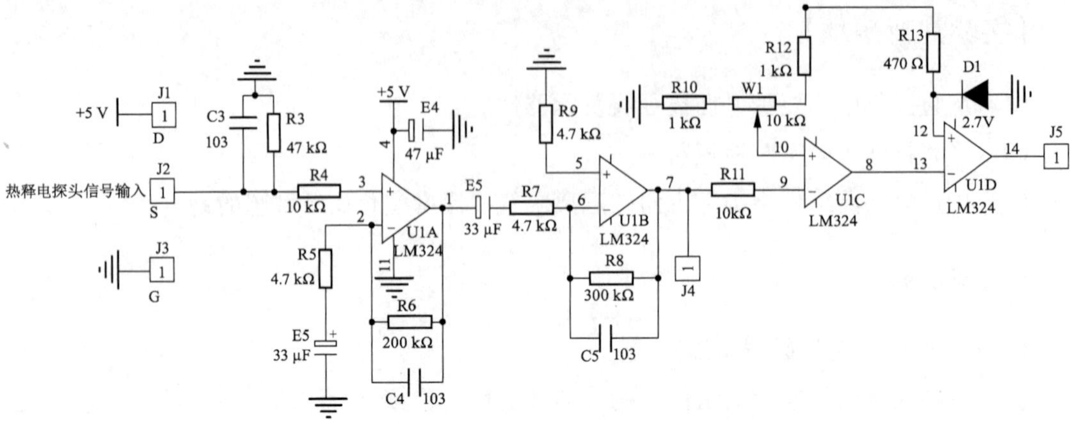

图 10-4　超低频信号放大电路

(2) 自行调试电路，调试步骤参考电路原理图 10-4；将判决调节电位器 W1 顺时针旋转至底端。

(3) 将“热释电探测组件套筒”的红、黄、黑三色插孔（红色插孔—D；黄色插孔—S；黑色插孔—G）分别连接至“超低频信号放大单元”的 J1（D），J2（S），J3（G）。

(4) 打开实验仪电源，按下模块开关 K1，用万用表测量 *S* 的输出电压值，待稳定后记录下来，其数值在 1 V 以内即为正常。

(5) 用示波器探头 1 测试 J4 处的信号波形，当用手相对垂直切过透镜前方时，若此时波形发生变化，则说明前置放大电路正常（注：示波器与实验仪必须共地，若此时观察波形变化不灵敏，可将组件前端透镜取下来，再进行实验）。

(6) 用示波器探头 2 测试 J5 处的信号波形，调节判决调节电位器 W1，每当用手相对垂直切过透镜前方时，若 J5 输出信号发生有 0 到 +4 V 左右的跳变现象，则说明比较电路正常。

该处电路可能出现的问题：

(1) 当用手切过探测器前方时，若 J4 处探测波形变化不明显或没有，说明放大增益不够，适当增大 R6 或 R8 的阻值即可；若 J4 处输出高电平信号，且探测红外信号无变化时，说明增益过大，使运放 LM324 输出饱和，不能正常工作，此时应适当减小 R6 或 R8 的阻值即可。

(2) 逆时针调节电位器 W1 时，LM324 的 10 脚电压应增大，处于 0.4 ~ 4.6 V 范围。

(3) 调试完毕后，参考本实验“2. 超低频信号放大实验”的实验步骤进行二次开发设计实验，观察实验现象是否和模块实验现象一致。

3. 窗口比较电路实验

(1) 将“门限调节”电位器顺时针旋转至底端。

(2) 将热释电探测组件结构件的红、黄、黑三色插孔（红色插孔—D；黄色插孔—S；

黑色插孔—G）分别连接至“超低频信号放大”单元的D（J1），S（J2），G（J3），连接J4至“窗口比较”单元的J6。

（3）TP1及TP2为窗口比较器的上下门限电压输出端，TP3及TP4为“窗口比较”单元的上、下比较器输出端。

（4）打开电源，用万用表测试TP1的电压输出值，逆时针调节“门限调节”电位器，观察TP2输出值变化情况，并记录下来。

（5）将W2顺时针旋转至底端，用示波器探头1和探头2分别测试TP3及TP4处的信号波形，观察此时TP3输出为低电平，TP4输出为高电平。当用手垂直纵向切过透镜前方时，观察此时TP1及TP2的波形变化情况，并记录下来（注：示波器与实验仪必须共地，若此时观察波形变化不灵敏，可将组件前端透镜取下来，再进行实验）。

（6）逆时针调节“门限调节”电位器，当用手垂直纵向切过探测器前方时，观察此时TP3及TP4的波形变化情况。多测几次，观察波形变化现象，比较异同。

（7）实验完毕后，关闭电源，拆除导线并放置好，还原实验仪等相关设备。

▶二次开发设计实验

（1）利用二次开发实验模块自行搭建电路，电路如图10-5所示。

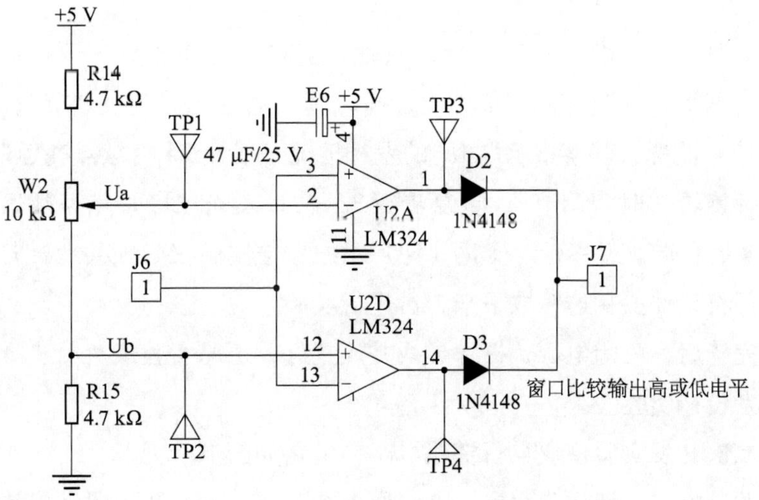

图10-5　窗口比较电路

（2）自行调试电路，调试步骤参考电路原理图10-5，将W2顺时针旋转至底端。

（3）将“热释电探测组件套筒”的红、黄、黑三色插孔（红色插孔—D；黄色插孔—S；黑色插孔—G）分别连接至“超低频信号放大单元”的J1（D），J2（S），J3（G），连接J4至J6。

（4）设计窗口比较器的上限参考电压为1.2~3.8 V，下限参考电压为1.2 V。逆时针调节电位器W2，用万用表测量TP1及TP2是否为标准值范围内输出。

（5）将 W2 顺时针旋转至底端，用示波器探头 1 和探头 2 分别测试 TP3 及 TP4 处的信号波形，此时 TP3 输出为低电平，TP4 输出为高电平。当用手垂直纵向切过透镜前方时，观察此时 TP1 及 TP2 相对同步变化。若逆时针调节 W2 时，重复之前操作，观察到 TP3 及 TP4 有变化，则说明此单元电路正常（注：示波器与实验仪必须共地，若此时观察波形变化不灵敏，可将组件前端透镜取下来，再进行实验）。

该处电路可能出现的问题：

（1）若 TP1 及 TP2 测量值不符设计，则可能是 R14，R15 及电位器 W2 阻值匹配误差引起的。

（2）若 TP3 及 TP4 无相对变化，则说明此单元电路焊接可能有误。

（3）调试完毕后，参考本实验“3. 窗口比较实验”的实验步骤进行二次开发设计实验，观察实验现象是否和模块实验现象一致。

4. 延时开关量输出控制实验

（1）将“时间调节”逆时针旋转至底端。

（2）将热释电探测组件结构件的红、黄、黑三色插孔（红色插孔—D；黄色插孔—S；黑色插孔—G）分别连接至“超低频信号放大”单元的 D（J1），S（J2），G（J3），连接 J5 至“延时光控”单元的 J9。

（3）打开电源，待电路稳定 15 s 后，顺时针旋转“时间调节”至一定位置，当用手垂直纵向（从上至下）切过探测器前方时，同时调节电位器“判决调节”，用示波器探头 1 测试 J5 处的信号波形，观察指示灯 D5 的发光情况，估计 D5 持续点亮延迟时间。

（4）顺时针旋转“时间调节”，重复步骤 3，估计发光二极管点亮延迟时间，直到电位器 W3 旋转至最右端，观察延时变化（注：示波器与实验仪必须共地，若此时观察波形变化不灵敏，可将组件前端透镜取下来，再进行实验）。

（5）实验完毕后，关闭电源，拆掉导线并放置好，还原实验仪及示波器。

►二次开发设计实验

（1）利用二次开发实验模块自行搭建电路，电路如图 10-6 所示。

（2）自行调试电路，调试步骤参考电路原理图 10-6，将 W3 逆时针旋转至底端。

（3）将“热释电探测组件套筒”的红、黄、黑三色插孔（红色插孔—D；黄色插孔—S；黑色插孔—G）分别连接至“超低频信号放大单元”的 J1（D），J2（S），J3（G），连接 J5 至 J9。

（4）接通实验仪电源，打开“电源”开关 K1，待稳定 15 s 后，顺时针调节 W3，当用手垂直纵向切过探测器前方时，指示灯 D5 点亮且持续一段时间后熄灭。若继续顺时针调节 W3，重复之前的操作，多实践几次，可观察到 D7 点亮持续时间增长，表明延时单元电路正常。

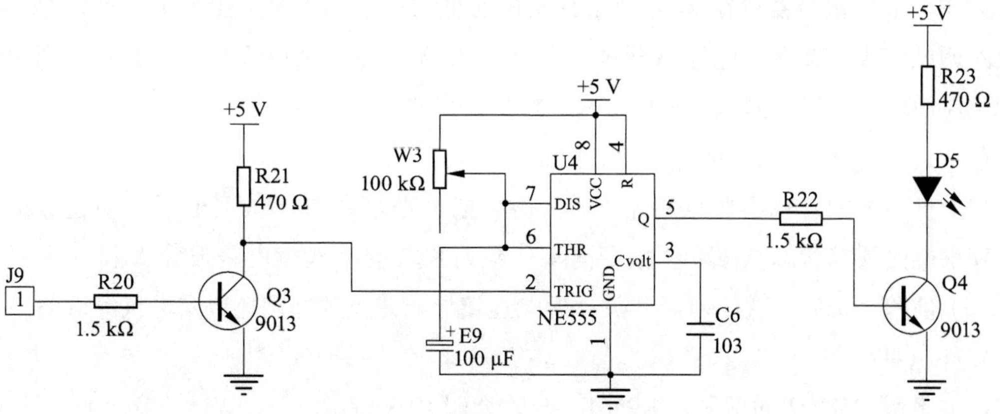

图 10-6　延时光控单元电路

该处电路可能出现的问题：

（1）顺时针调节 W3，指示灯点亮时间缩短，说明电位器引脚连接有误。

（2）接通电源时，指示灯不亮，电路无法正常工作，可能是发光二极管反接，或者是 555 芯片插反的原因。

（3）调试完毕后，参考“4. 延时开关量输出控制实验”的实验步骤进行二次开发设计实验，观察实验现象是否和模块实验现象一致。

5. 热释电传感器响应距离特性实验

（1）将“判决调节”电位器逆时针旋转至底端。

（2）将热释电探测组件结构件的红、黄、黑三色插孔（红色插孔—D；黄色插孔—S；黑色插孔—G）分别连接至“超低频信号放大”单元的 D（J1），S（J2），G（J3）。

（3）将热释电探测组件菲涅尔透镜取下，打开电源，把手垂直纵向（从上至下）切过探测器前方，且由近及远重复操作，用示波器探头 1 测试 J4 处的波形，观察其是否有较大的电平变化；用示波器探头 2 测试 J5 处的波形，顺时针调节“判决调节”电位器至适当位置，观察其输出是否有瞬间的上升沿信号产生。操作至 J4 输出无变化为止，估计大致的探测距离（注：示波器与实验仪必须共地）。

（4）装上菲涅尔透镜，重复步骤（2），观察实验现象。

（5）实验完毕后，关闭电源，拆除导线并放置好，还原实验仪等相关设备。

6. 热释电报警设计实验

（1）将“判决调节”可调电位器逆时针调至底端。

（2）将热释电探测组件结构件的红、黄、黑三色插孔（红色插孔—D；黄色插孔—S；黑色插孔—G）分别连接至“超低频信号放大”单元的 D（J1），S（J2），G（J3）。

（3）打开电源，用示波器探头 1 测试 J4 的输出信号，示波器探头 2 测试 J5 的输出信号，当用手纵向垂直（从上至下）切过透镜前方时，若 J4 处可观察到变化的信号，而调节“判决调节”电位器可在J5处观察到瞬间有低电平向高电平的上升沿跳变信号，即说明电路调试完成，按下“电源”开关（注：示波器与实验仪必须共地，若此时观察波形变化不灵敏，可将组件前端透镜取下来，再进行实验）。

（4）连接J5至“光电报警”单元的J8。

（5）开启电源，待实验仪稳定5 s左右，把手垂直纵向（从上至下）切过探测器前方，观察电路报警状态，按下“报警消除”开关K2，再次观察电路报警状态。

（6）实验完毕后，关闭电源开关，拆除连接导线并放置好，还原实验仪等设备。

器件说明：

（1）音乐芯片Q2的型号是K9561，封装如图10-7所示。

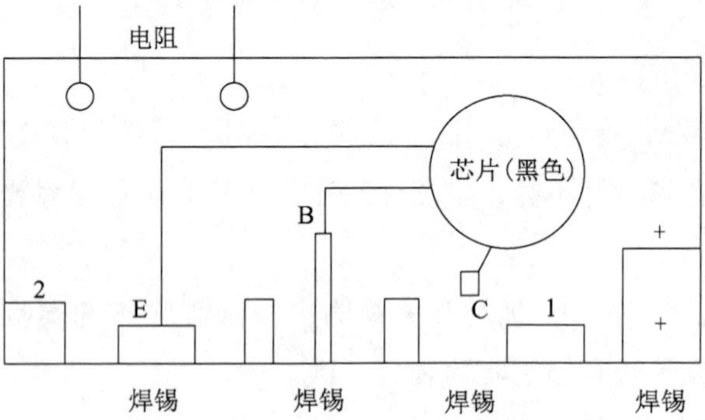

图10-7　K9561的引脚图

（2）将100 kΩ电阻焊接到K9561上相应位置。

（3）将音乐芯片Q2上的“+”“B”“E”分别用或导线焊接。切忌焊接时烙铁温度过高，且时间不可停留过久，以免损坏芯片，一般为几秒左右。

►二次开发设计实验

（1）利用二次开发实验模块自行搭建电路，电路如图10-8所示。

（2）自行调试电路，调试步骤参考电路原理图10-8将“热释电探测组件套筒”的红、黄、黑三色插孔（红色插孔—D；黄色插孔—S；黑色插孔—G）分别连接至“超低频信号放大单元”的J1（D），J2（S），J3（G），连接J5至J8。打开电源，调节电位器W1的电压适度，使电路处于不报警状态。

（3）用手相对垂直切过套筒的菲涅尔透镜前方，此时用示波器观察J5口的电压应会瞬间从0转变为+4 V左右。在此上升沿的作用下，报警电路此时应会报警。按下开关K2几秒钟，报警信号消除。

（4）若报警信号很小，则此时可能是三极管Q1的集电极电阻R24偏大，导致扬声器驱动电流很小，应更换一个偏小的电阻；或者是音乐芯片Q2上面的电阻过大，应更换一个偏小的电阻。

（5）重复实验此操作三次，若电路产生报警，则此电路正常。

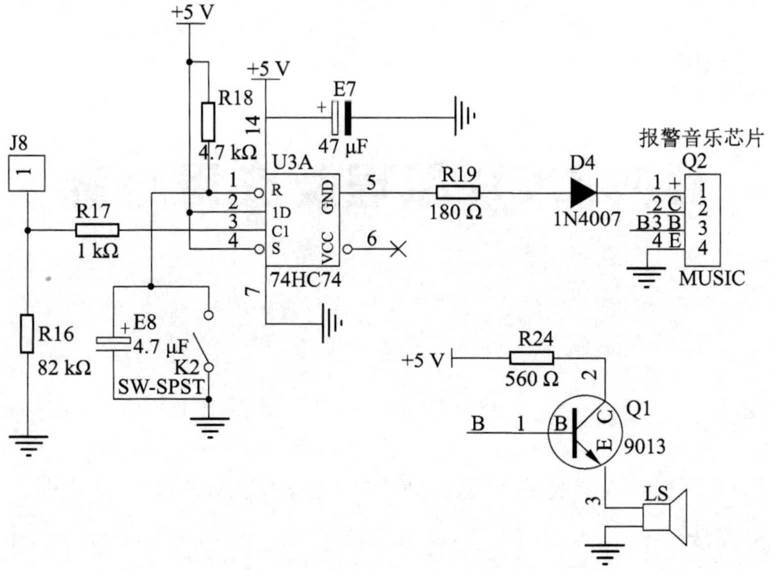

图 10-8 报警保持及消除电路

该处电路可能出现的问题：

（1）若报警声音过小，则可将音乐芯片 Q2 上的电阻换为阻值小一些的。

（2）若没有报警现象产生，则有可能由于焊接不当造成芯片损坏，此时可检查引脚焊接的正确性或更换好的芯片。

（3）调试完毕后，参考本实验“6. 热释电报警设计实验”的实验步骤进行二次开发设计实验，观察实验现象是否和模块实验现象一致。

【思考题】

（1）热释电传感器能否与智慧家居结合在一起应用？如果可以，怎么设计？

实验十一

线阵 CCD 原理及应用测量

【实验目的】

（1）掌握用双踪迹示波器观测二相线阵 CCD 驱动器各路脉冲的频率、幅度、周期和相位关系的测量方法。

（2）通过测量 CCD 驱动脉冲之间的相位关系，掌握二相线阵 CCD 的基本工作原理。

（3）通过测量典型线阵 CCD 的输出脉冲信号与驱动脉冲的相位关系，掌握 CCD 的基本特征。

（4）通过对典型线阵 CCD 在不同驱动频率和不同积分情况下输出信号的测量，掌握 CCD 的有关特性、积分时间的意义，以及驱动频率与积分时间对 CCD 输出信号的影响。

（5）掌握线阵 CCD 的 A/D 数据采集的基本原理。

（6）掌握线阵 CCD 积分时间与光照灵敏度的关系。

（7）掌握线阵 CCD 驱动频率与光照灵敏度的关系。

（8）掌握本实验仪配套软件的基本操作，熟悉各项设置和调整功能。

（9）掌握 CCD 测量物体宽度的测量原理及方法。

【实验内容】

（1）线阵 CCD 驱动测试实验。

（2）线阵 CCD 特性测试实验。

（3）线阵 CCD 输出信号二值化处理实验。

（4）线阵 CCD 的 A/D 数据采集实验。

（5）线阵 CCD 软件二值化及物体宽度测量实验。

（6）CCD 驱动信号设计实验。

【实验仪器】

（1）实验平台（一台）；

（2）双踪同步示波器（20 MHz 以上）（一台）；

（3）线阵 CCD 模块（一套）；

（4）线阵 CCD 结构件（一套）；

（5）遮挡物结构（若干）；

（6）连接线（若干）。

【实验原理】

CCD 是电荷耦合器件（Charge Coupled Device）的简称，它是由金属 - 氧化物 - 半导体（Charge Coupled Device，简称 MOS）构成的密排器件。主要应用于两个领域，一是信息存储和信息处理，二是摄像装置。这里介绍摄像用的黑白两相线阵 CCD。

1．黑白两相线阵 CCD 结构简述

黑白两相线阵 CCD 有多种规格，实际上大同小异。这里以实验所用的 TCD1200D 型 2160 像素的 CCD 为例进行简述。结构示意图如图 11-1 所示。

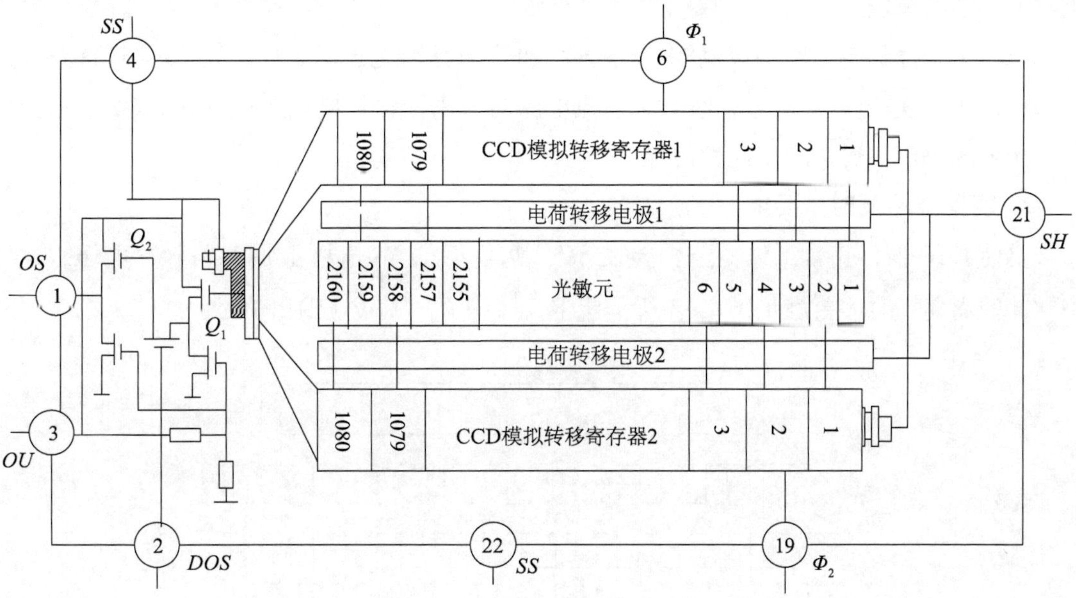

图 11-1　CCD 结构示意图

它包括摄像机构、两个 CCD 模拟移位寄存器、输出机构和采样保持电路四部分。

摄像机构也称摄像区，它由 2160 个光敏元和电荷转移电极组成，实际上为 2160 个 MOS 电容，电荷转移电极为 MOS 电容的栅极，通过电荷转移电极给栅极加脉冲电压。光敏元起光电转换作用，MOS 电容起暂存转换的电荷和向 CCD 模拟移位寄存器转移电荷包的作用。将 2160 个 MOS 电容的奇数位分别与 CCD 转移寄存器 1 相连，偶数位分别与 CCD 转移寄存器 2 相连。

CCD 模拟移位寄存器也是由一系列 MOS 电容组成。移位寄存器 1 和 2 各密排 1080 个，它们对光不敏感，Φ_1 和 Φ_2 为 MOS 电容的栅极，通过 Φ_1 和 Φ_2 外加脉冲电压。

电荷转移电极 SH 为摄像区 MOS 电容的控制电极，外加周期性脉冲电压。在脉冲电压低电平期间，摄像机构中的 MOS 电容形成势井暂存光敏元转换的电荷，建立起一个与图像明暗成比例的电荷图像。高电平期间，摄像区的 MOS 电容中的电荷同时读出到 CCD 模拟移位寄存器的 MOS 电容中，奇数位信号转移到移位寄存器 1，偶数位信号转移到移位寄存器 2。在下一个周期的低电平期间，摄像区的 MOS 电容摄取第二帧图像，与此同时，CCD 转移寄存器的 MOS 电容中的电荷，在 Φ_1，Φ_2 和脉冲电压的作用下，两个移位寄存器中的电荷包以奇、偶序号交替的方式逐个移位到输出机构中，恢复了摄像时的次序。

由场效应管 Q_1 和 Q_2 构成的两个源极跟随器构成输出机构，将来自 CCD 移位寄存器携带图像信息的电荷包以电压的形式送到器件外，*OS* 是输出电极。

输出机构接有复位电极 *RS*，接到 Q_1 的栅极，每当前一个电荷包输出完毕，下一个电荷包尚未输出之前，*RS* 上应出现复位脉冲，将前一个电荷包抽走，使 Q_1 栅极复原，准备接收下一个电荷包。

DOS 为采样保持电路的控制端，当 DOS 加适当脉冲电压时，CCD 输出信号得到了采样保持，*OS* 端输出连续信号，DOS 加直流电压时，采样保持电路不起作用，*OS* 端输出信号与光强成正比，通常均用此种情况

2. 驱动脉冲及时序要求

要使 CCD 器件正常工作，至少要在 *SH*、Φ_1、Φ_2、*RS* 电极上加四路脉冲电压。这四路脉冲的周期和时序要满足图 11-2 所示要求，图中 U_o 为 CCD 输出信号。

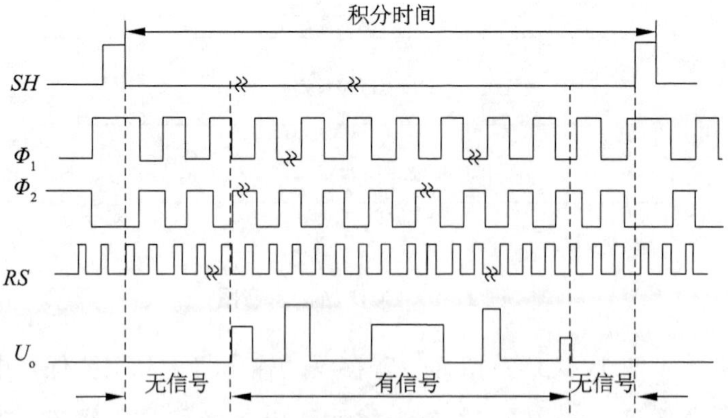

图 11-2　CCD 驱动时序示意图

SH 为电荷转移电极控制脉冲。*SH* 为低电平时处于“采光期”，进行摄像，摄像区的 MOS 电容对光生电子进行积累；*SH* 为高电平时，摄像区积累的光生电子按奇偶顺序移向两侧的移位寄存器中，时间很短，所以 *SH* 脉冲的周期决定了器件采光时间的长短。*SH* 脉

冲的周期称为积分时间。

Φ_1 和 Φ_2 为加在移位寄存器 MOS 电容上的脉冲，称为驱动频率。在 *SH* 脉冲的一个周期里，两侧的移位寄存器在 Φ_1 和 Φ_2 驱动脉冲的作用下，把上一周期转移来的电荷包逐个依次输出到器件外。每当 Φ_1 或 Φ_2 高电平时就输出一个电荷包，按奇偶顺序移位，Φ_1 移奇数位，Φ_2 移偶数位。因此，Φ_1 和 Φ_2 的位相必须相反。电荷传输的原理：通过将按一定规则变化的电压加到 CCD 各电极上，电极下的电荷包就能沿半导体表面按一定方向移动。

驱动频率的大小要适当，因为电荷的传输是从一个势井依次传到下一势井，需要一定的时间，Φ_1 和 Φ_2 的周期若小于这一时间，势井的电荷不能全部输出，则影响输出信号幅度和精度，太大会使噪声增大。

SH 和 Φ_1，Φ_2 必须满足：*SH* 的周期等于或稍大于 2160/2 个 Φ_1 和 Φ_2 脉冲周期，小于时则电荷包不能全部输出，会影响下个周期输出信号的精确度；太大会影响器件的速率。

RS 脉冲为复位脉冲，其频率为 Φ_1 和 Φ_2 脉冲频率的两倍。

以上四个脉冲除频率要满足以上要求外，对脉冲波形也有一定要求，尤其是 *SH*，Φ_1，Φ_2 脉冲之间的关系。当 *SH* 为高电平时，Φ_1 必须同时为高电平，且 Φ_1 必须比 *SH* 提前上升；当 *SH* 为低电平时，Φ_1 必须同时为低电平，且 Φ_1 必须比 *SH* 延迟下降，如图 11-3 所示。

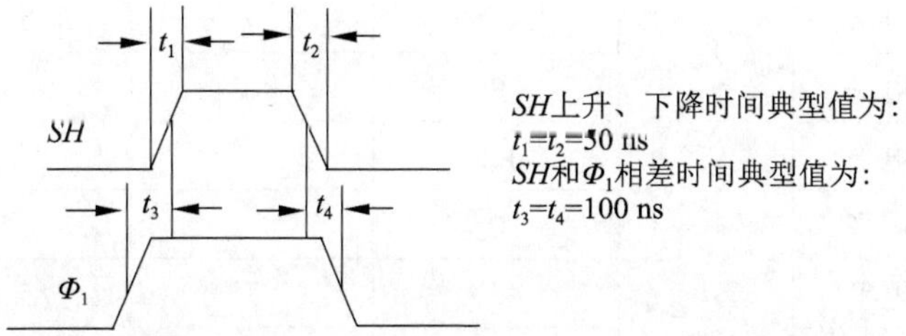

图 11-3　*SH* 与 ϕ_1 信号时序要求示意图

用模拟示波器是很难测出这些时间的。

3. 实验仪器简介

（1）TCD1200D 线阵 CCD 图像传感器特性：

像敏单元数目：2160 像元。

像敏单元大小：14 μm × 14 μm × 14 μm（相邻像元中心距 14 μm）。

光敏区域：采用高灵敏度 PN 结作为光敏单元。

时钟：二相（5 V）。

内部电路：包含采样保持电路，输出预放大电路。

封装形式：22 脚 DIP 封装。

（2）管脚形状和定义如图 11-4 和表 11-1 所示。

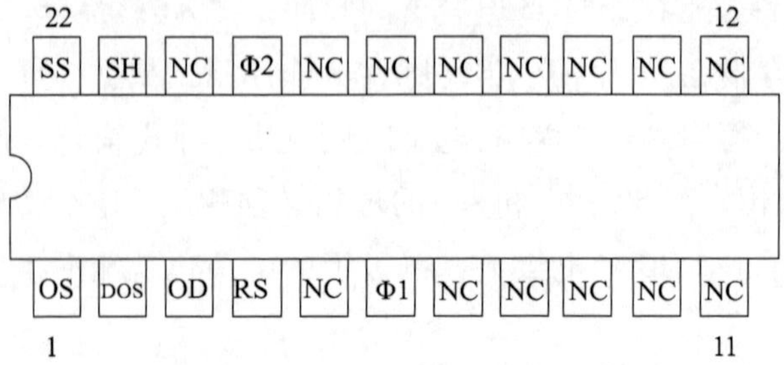

图 11-4　管脚位置

表 11-1　管脚定义

Φ1	时钟 1	OS	信号输出
Φ2	时钟 2	DOS	补偿输出
SH	转移控制栅	OD	电源
RS	复位栅	SS	地
NC	空脚		

工作条件如表 11-2 所示。

表 11-2　工作条件

特性		符号	最小值	典型值	最大值	单位
时钟脉冲电压	高电平	V_{Φ}	4. 5	5	5. 5	V
	低电平		0	0. 2	0. 5	
转移脉冲电压	高电平	V_{SH}	4. 5	5	5. 5	V
	低电平		0	0. 2	0. 5	
复位脉冲电压	高电平	V_{RS}	4. 5	5	5. 5	V
	低电平		0	0. 2	0. 5	
电源电压		V_{OD}	11. 4	12	13	V
时钟脉冲频率		f_{Φ}	0. 1	0. 5	1. 0	MHz
复位脉冲频率		f_{RS}	0. 2	1. 0	2. 0	MHz

4. 线阵 CCD 输出信号二值化

在 CCD 输出信号中涵盖了线阵 CCD 各像元的照度分布和像元位置信号，这在测量物体位置中显得非常重要。

当物片放入组件的物片窗口后，我们观测到 U_o 的输出信号如图 11-4 所示。为了将物体的边界检测并描述出来，可以采用如图 11-5 所示的阈值法检测电路。在该电路中，电压比较器的“＋”输入端接 CCD 输出信号 U_o，而其另一端接电位可以调整的电位器，这样便构成了可调阈值电平的固定阈值二值化电路。

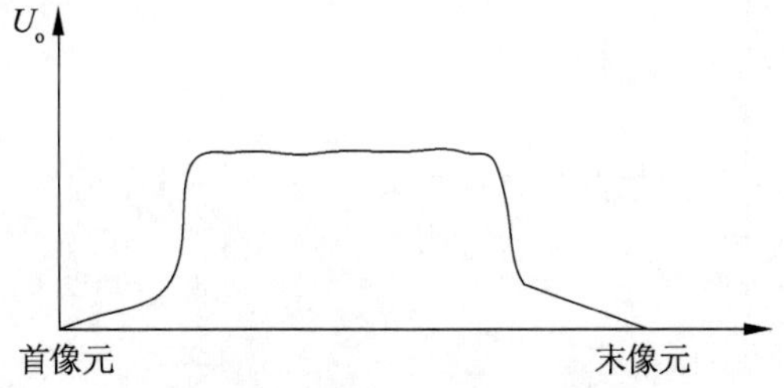

图 11-4　U_o 的输出信号

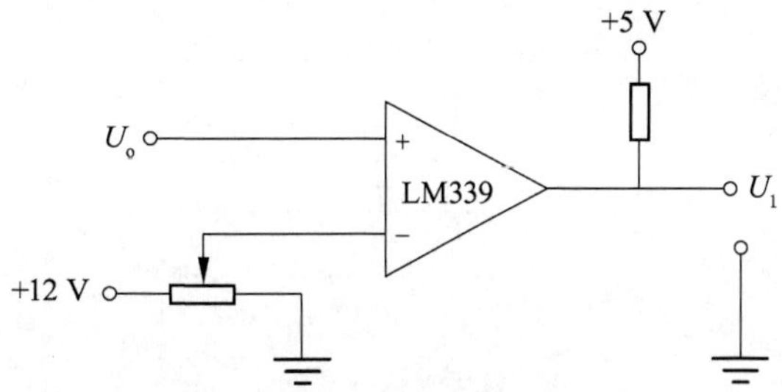

图 11-5　阈值法检测电路

5. 线阵 CCD 的 A/D 数据采集

线阵 CCD 的 A/D 数据采集的种类和方法很多，这里只介绍实验仪所采用的 8 位并行接口方式的数据采集的基本工作原理。

图 11-6 所示为以 8 位 A/D 转换器件 TLC5510A 为核心器件构成的线阵 CCD 数据采集系统。以单片机完成地址译码器、接口控制、同步控制、存储器地址译码等逻辑功能。计算机软件通过向端口发送控制指令对单片机复位。单片机等待 *SH* 上升沿（对应于 CCD 第一个有效输出信号）触发 A/D 开始工作，A/D 器件则通过 *RS* 信号完成对每个像元的同步采样，A/D 转换输出的 8 位数字信号则存储在静态缓存器件（IDT72241）中，当一帧像元的数据转换完成后，单片机（U29）会生成一个标志转换结束的信号，同时停止 A/D 转换器和存储器的工作。单片机（U23）将此帧像元的数据进行处理，并通过 USB 接口芯片将采集信号送给计算机软件进行相关显示处理。当软件读取并处理完一行数据后，再次发送复位指令循环上述过程。

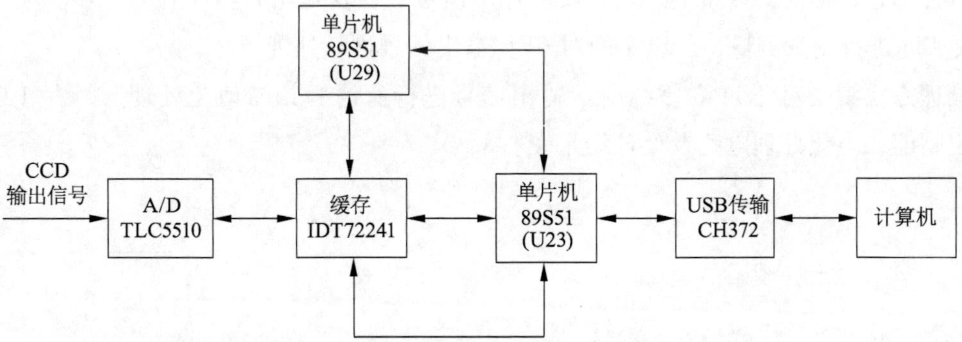

图 11-6　线阵 CCD 数据采集系统

6. 线阵 CCD 软件二值化及物体宽度测量

线阵 CCD 的输出信号包含了 CCD 各个像元的光强分布信息和像元位置信息，这就使我们能够测量物体的尺寸和位置，如图 11-7 所示。

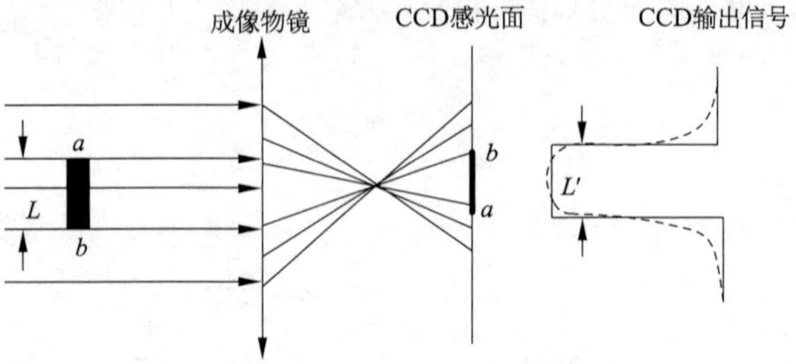

图 11-7　测量物体的尺寸和位置示意图

当尺寸为 L 的被测物体 ab 置于成像镜头的物面，线阵 CCD 的感光面置于成像镜头的像面，则在 CCD 的感光面上形成物体倒立的像 ba，CCD 感光面上光强分布发生变化，从而输出电信号强度发生变化，理想的反映光强分布的电信号曲线应如图 11-7 实线所示。根据这个曲线，可以测得物体 ab 经成像镜头在像面的尺寸 L'，若已知光学放大倍数 f，就可以计算物体的尺寸 L。这是成像法。

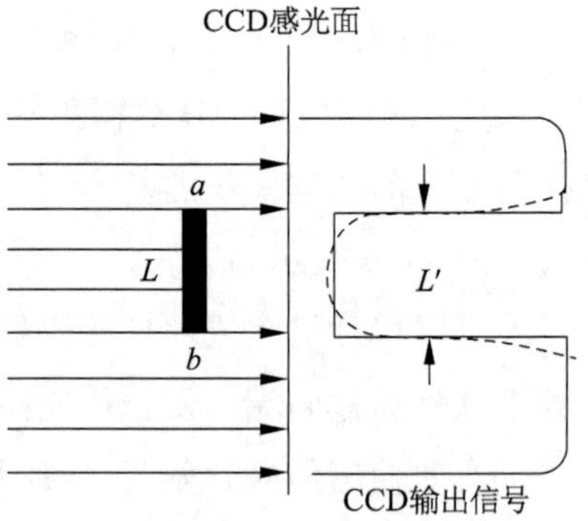

图 11-8　透射法

也可采用简单的透射法，如图 11-8 所示（本实验采用这种方法）。

均匀的平行光垂直入射 CCD 感光面，将宽为 L 的物体放入光路，则 CCD 感光面接收到光强，从而 CCD 输出信号将发生变化，理想情况如图 11-8 实线所示，但由于入射光受非平行性和直边衍射等因素的影响，实际输出信号的强度变化如虚线所示，不能唯一确定 L'，要实际进行定量测量，所以必须对 CCD 输出信号进行处理。

处理方法就是对图 11-8 虚线所示输出信号进行所谓的“二值化处理”。图 11-9 是硬件固定阈值二值化处理电路及处理结果图。

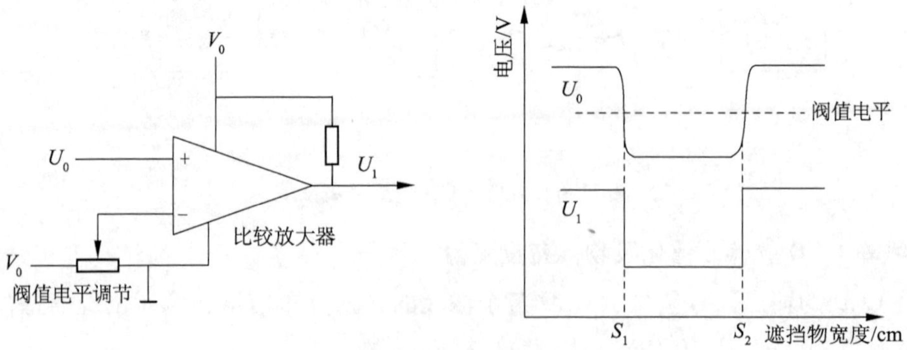

图 11-9　二值化处理示意图

比较放大器的正相输入端接 CCD 的输出信号 U_0，反相输入端接一电位器，通过此电位器调节反相输入端的电平，此电平称为阈值电平。只有 U_0 大于阈值电平时，放大器才有输出信号 U_1，U_1 称为二值化输出信号，可用示波器观察。

硬件二值化过程只能通过定性观察，要定量测量需通过软件来实现，由 USB 数据采集电路采集 U_0 信号，再给出阈值电平，则可提取表示物体边缘的像元 S_1 和 S_2，S_1 和 S_2 的差值即为被测物体在 CCD 像面上所占据的像元数目。若已知像元间距，进而可求得物体 ab 的尺寸 L'。显然，这样求得物体 ab 的尺寸 L' 与阈值电平有关，这也是固定阈值二值化处理的缺点。

【实验注意事项】

(1) 在进行 CCD 实验时，不允许打开 CCD 结构件，不允许带电插拔 CCD 器件，否则会造成 CCD 器件损毁。

(2) 所有实验设备都应当有良好的接地线，并在确实保证接地线连接好后方能开机上电。

(3) 严格按照指导老师制定的步骤进行实验，不得自行随意进行，否则可能会损坏实验器件，造成严重后果。

【实验步骤】

注意：使用多踪示波器检测信号时，示波器与模块需共地。

1. 线阵 CCD 驱动测试实验

1) 实验准备

本次实验不需要使用结构件，只需用连接线给 CCD 模块供电，打开 CCD 模块电源开关即可。用“积分时间”“驱动频率”按钮分别调整转移脉冲 SH 周期和时钟脉冲频率，观察相应的数码管显示的数据，并用“积分时间”设置按钮调整积分时间挡为0 挡（按黑色按钮依次由 0→1→2→3→0），用频率设置按钮调整频率为 0 挡（按黑色按钮依次由 0→1→2→3→4→5→0）。然后打开示波器的电源开关，用双踪示波器检查 CCD 驱动器的各路脉冲波形（SH，RS，Φ_1 和 Φ_2）是否正确（参考实验箱面板上时序图）。如符合，则继续进行以下实验；否则，应请指导教师进行检查。

2) 驱动时序和相位的测量

(1) 用 CH1 探头测试转移脉冲 SH，先仔细调节示波器的触发脉冲电旋钮，使示波器显示波形稳定，即表示示波器已被 SH 同步，再调节示波器的扫描频率旋钮，使 SH 脉冲至少出现一个周期。

(2) 用 CH2 探头测试 Φ_1，调节示波器扫描速度展开 SH，观察 Φ_1 和 SH 的时序和相位是否符合要求。

(3) 用 CH1 探头测试 Φ_1，用 CH2 分别测试 Φ_2 和 RS，观察时序和相位是否符合要求。

3）驱动频率的测量

分别测出各频率挡 Φ_1，Φ_2，RS 的周期、频率、幅度，并填入表 11-3 中。

表 11-3　驱动频率测量数据记录

驱动频率	项目	Φ_1	Φ_2	RS
0 挡	周期/ms			
	频率/Hz			
	幅度/V			
1 挡	周期/ms			
	频率/Hz			
	幅度/V			
2 挡	周期/ms			
	频率/Hz			
	幅度/V			
3 挡	周期/ms			
	频率/Hz			
	幅度/V			
4 挡	周期/ms			
	频率/Hz			
	幅度/V			
5 挡	周期/ms			
	频率/Hz			
	幅度/V			

4）积分时间的测量

(1) 将频率设为0（挡），用 CH1 观测 *SH* 脉冲周期，分别测出各积分时间挡位的积分时间，并填入表 11-4 中。

(2) 再改变驱动频率，测出不同挡位的积分时间，将相应数据填入表 11-4 中。

表 11-4　实验数据记录

驱动频率 0 挡		驱动频率 1 挡	
积分时间/挡	SH 周期/ms	积分时间/挡	SH 周期/ms
0		0	
1		1	
2		2	
3		3	
驱动频率 2 挡		驱动频率 3 挡	
积分时间/挡	SH 周期/ms	积分时间/挡	SH 周期/ms
0		0	
1		1	
2		2	
3		3	
驱动频率 4 挡		驱动频率 5 挡	
积分时间/挡	SH 周期/ms	积分时间/挡	SH 周期/ms
0		0	
1		1	
2		2	
3		3	

5）关机结束

关闭 CCD 原理应用实验箱电源，关闭示波器电源。

2. 线阵 CCD 特性测试实验

1）不同频率与不同光强下测量物体的变化

（1）用航空插座线连接 CCD 结构组件与模块（CCD 接口），将结构件上方的面光源电源线连接到台体电流源的插孔中，注意颜色：红色插入红色插孔，黑色插入黑色插孔。打开实验箱电源。

（2）将中号物片放入 CCD 组件的物片窗口（注意保持与 CCD 组件表面的垂直），打开实验仪的电源开关。将积分时间开关置于 0 挡，驱动频率开关置于 2 挡，用 CH1 探头测量 Φ，SH 并使之同步，用 CH2 测量输出信号 U_0，观测 Φ，SH 与 U_0 的关系，并画出其波形图。

（3）改变 CCD 像敏元的照度，观察输出信号 U_0 的波形变化，画出当光强变化时输出信号 U_0 的波形图。

（4）积分时间不变，改变驱动频率完成步骤（1）（2）的实验内容。

（5）分析上述实验现象，说明驱动频率与输出信号的变化关系，以及当驱动频率过低时 U_0 无输出信号的原因。

2）不同积分时间与不同光强下测量物体的变化

（1）将中号物片放入 CCD 组件的物片窗口（注意保持与 CCD 组件表面的垂直），打开实验仪的电源开关。将驱动频率开关置于 3 挡，积分时间开关置于 0 挡，用 CH1 探头测量 Φ，SH 并使之同步，用 CH2 测量输出信号 U_0，观测 Φ，SH 与 U_0 的关系，并画出其波形图。

（2）改变 CCD 像敏元的照度，观察输出信号 U_0 的波形变化，画出当光强变化时输出信号 U_0 的波形图。

（3）驱动频率不变化，改变积分时间完成步骤（1）（2）的实验内容。

（4）分析上述实验现象，并说明积分时间与输出信号的变化关系。

（5）关机结束。关闭 CCD 模块及台体电源，关闭示波器电源。

3. 线阵 CCD 输出信号二值化处理实验

（1）打开 CCD 模块电源，将示波器 CH1 探头接 CCD 输出信号 U_0（用 CH1 作同步信号），CH2 探头接硬件二值化后的信号 U_1，比较两路信号。

（2）调节阈值调节电位器，观察二值化后的 CCD 信号的变化情况。

（3）关机结束。关闭 CCD 模块及台体电源，关闭示波器电源。

4. 线阵 CCD 的 AD 数据采集实验

（1）打开计算机电源，完成系统启动后进入下面的操作。

（2）打开实验仪电源开关，用示波器测量 Φ_1，Φ_2，RS，SH 等各路驱动脉冲的波形是否正确。如果与“1. 线阵 CCD 驱动测试实验”所示的波形相符，继续进行下面实验；否则，应请指导教师检查。

（3）检查 U_0、U_1 波形是否与“2. 线阵 CCD 特性测试实验”“3. 线阵 CCD 输出信号二值化处理实验”一致；否则，应请指导教师检查。

（4）用 USB 数据线连接 CCD 模块和电脑，打开 CCD 模块电源开关，如果连接正常，电脑会提示发现新的硬件，按照提示加载 USB 驱动程序。

（5）安装成功后运行 CCD 应用软件，如果显示打开设备失败，应请指导教师检查。

（6）正确打开软件后，在软件菜单栏中找到“实验选择”，然后在“实验选择”下拉菜单中选择“数据采集”即可，选择固定阈值和浮动阈值，根据显示波形的好坏，适当调节，调节完成后，看到与示波器显示的 U_0 波形相同的波形后即完成实验，表明 A/D 转换成功。

（7）关闭软件，在计算机上停止 USB 设备，关闭实验仪和电脑电源，还原实验设备。

5. 线阵 CCD 软件二值化及物体宽度测量实验

（1）打开计算机电源，完成系统启动后进入下面的操作。

（2）打开实验仪电源开关，用示波器测量 Φ_1，Φ_2，RS，SH 等各路驱动脉冲的波形是否正确。如果与“1. 线阵 CCD 驱动测试实验”所示的波形相符，继续进行下面实验；否则，应请指导教师检查。

（3）检查 U_0，U_I 波形是否与“2. 线阵 CCD 特性测试实验”“3. 线阵 CCD 输出信号二值化处理实验”一致；否则，应请指导教师检查。

（4）用 USB 数据线连接 CCD 模块和电脑，打开 CCD 模块电源开关，如果连接正常，电脑会提示发现新的硬件，按照提示加载 USB 驱动程序。

（5）安装成功后运行 CCD 应用软件，如果显示打开设备失败，应请指导教师检查。

（6）正确打开软件后，在软件菜单栏中找到“实验选择”，然后在“实验选择”下拉菜单中选择“尺寸测量”。

（7）从结构件孔中放入已知宽度的物体，物体必须放在孔的中间，且与孔的边缘垂直，待波形稳定，再通过软件操作，计算出倍率，在步骤（6）中输入已知物体的宽度，这样就完成了物体的标定尺寸，然后更换物体，其他条件不变，再次操作软件，得出的结果即为测量物体的宽度。

（8）实验完成后，关闭实验仪。

6. CCD 驱动信号设计实验

（1）参照实验例程，修改源代码，改变线阵 CCD 的驱动信号。

（2）搭建测试系统，观察改变后的 CCD 的驱动信号的工作条件下的采集信号的变化。

【思考题】

（1）说明 RS 脉冲的作用是什么?

实验十二

光电测距设计

【实验目的】

（1）了解光电测距的基本原理及方法。

（2）熟悉红外测距的原理及方法。

（3）掌握一种红外测距传感器测距基本使用方法。

【实验内容】

（1）光电测距的基本原理及方法的学习。

（2）红外测距的原理及方法的熟悉。

（3）通过距离测量及数据处理，掌握红外测距传感器测距基本使用方法。

【实验仪器】

（1）实验平台（一台）；

（2）光电测距模块（一块）；

（3）连接导线（若干）。

【实验原理】

1．时差法光电测距基本原理

如图 12-1 所示，时差法光电测距是通过测定光波（或电磁波），在待测距离上往返传播的时间 t_{2D}来计算待测距离 D 的，测距的基本公式为

$$D=\frac{1}{2}ct_{2D}$$

式中，c 为光波（或电磁波）在大气中的传播速度。

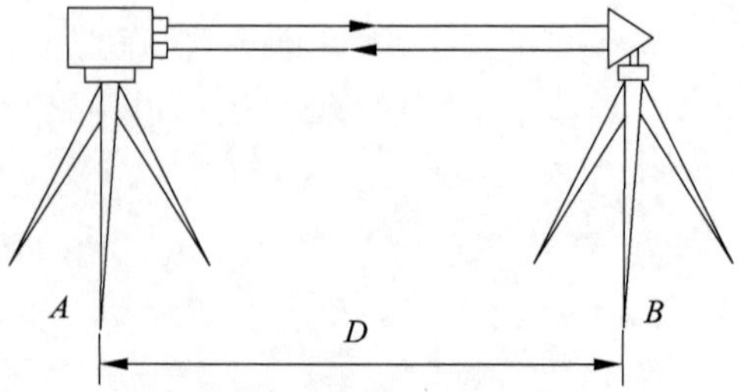

图 12-1　时差法光电测距原理图

光波在测线上的往返传播时间 t_{2D}，可以直接测定，也可以间接测定。直接测定光波传播时间是用一种脉冲波，它是由仪器的发送设备发射出去，被目标反射回来，再由仪器接收器接收，最后由仪器的显示系统显示出脉冲在测线上往返传播的时间 t_{2D} 或直接显示出测线的斜距，这种测距仪称为脉冲式测距仪。间接测定光波传播时间是采用一种连续调制波，它由仪器发射出去，被反射回来后进入仪器接收器，通过发射信号与返回信号的相位比较，即可测定调制波往返于测线的迟后相位差中小于 2π 的尾数。用 n 个不同调制波的测相结果，便可间接推算出传播时间 t_{2D}，并计算（或直接显示）出测线的倾斜距离。这种测距仪器称为相位式测距仪。目前这种仪器的计时精度达 10^{-10} s 以上，从而使测距精度提高到 1 cm 左右，可基本满足精密测距的要求。现今用于精密测距的测距仪多属于这种相位式测距仪，下面将讨论用于控制测量的相位式光电测距仪。

2. 相位法光电测距基本原理

相位法也是时差法中的一种，属于间接测量的方法。如图 12-2a 所示，测定 A，B 两点的距离 D，将相位式光电测距仪整置于点 A（称测站），反射器整置于另一点 B（称镜站）。测距仪发射出连续的调制光波，调制波通过测线到达反射器，经反射后被仪器接收器接收，如图 12-2b 所示。调制波在经过往返距离 $2D$ 后，相位延迟了 Φ。我们将 A，B 两点之间调制光的往程和返程展开在一直线上，用波形示意图将发射波与接收波的相位差表示出来，如图 12-2c 所示。

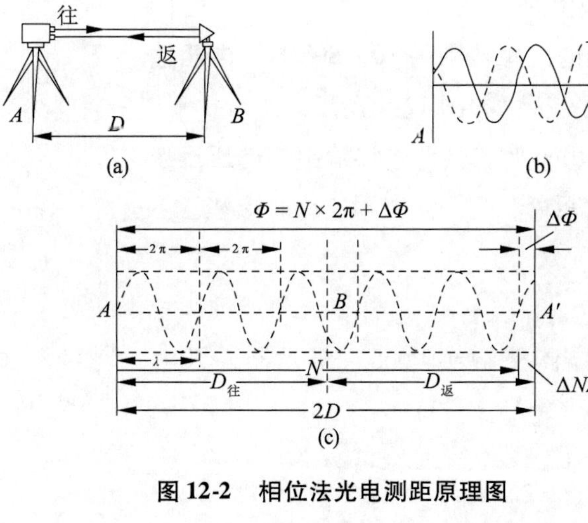

图 12-2　相位法光电测距原理图

设调制波的调制频率为 f，它的周期 $T=1/f$，相应的调制波长 $D=\frac{1}{2}ct_{2D}$。由图 12-2c 可知，调制波往返于测线传播过程所产生的总相位为 Φ，根据相位 Φ 和时间 t_2D 的关系式 $\Phi=wt_2D$（其中 w 为角频率），可计算 D，公式如下：

$$D=\frac{c}{2\pi f}\Phi$$

3. 三角法光电测距基本原理

因光的传播速度较快，用往返测时间的方法不适合短距离的测距，红外传感器运用三角测量法，使用一个红外光辐射源和一个小线阵 CCD 光敏感元件进行距离测定。基本思路：发射出去的红外光线遇到障碍物后，将返回到探测器，由此，红外辐射源、障碍物、探测器便形成了一个三角形的关系，如图 12-3 所示。

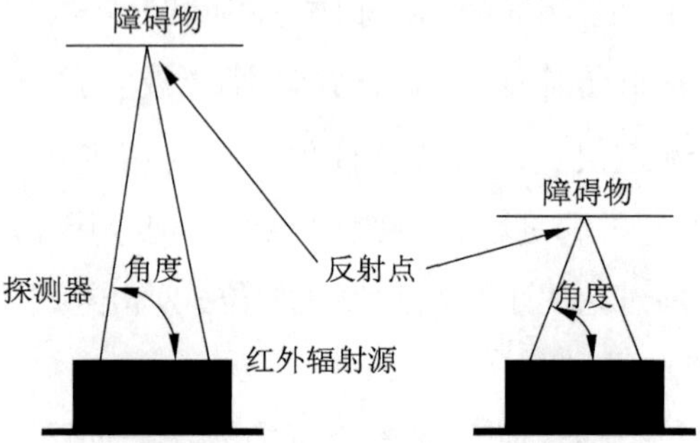

图 12-3　三角法光电测距原理图

这里所用的红外探测器其实是一个精密透镜，可以将接收到的红外线反射至一个密封的线阵 CCD 敏感器件，它所接收的是一个角度信号，利用此角度信号便可很容易地计算出障碍物的距离。红外光辐射源发射的是经过调制的脉冲光线，因此有利于免除环境的干扰，可以在很大范围内正常工作。红外传感器的测距范围为 10 ~ 80 cm，电压输出非直线形而呈现出对数特征，如图 12-4 所示。

注意：当测距小于 10 cm 时，会产生误输出，电压迅速下降，看起来像是较远的距离。这一点实际应用时应注意。

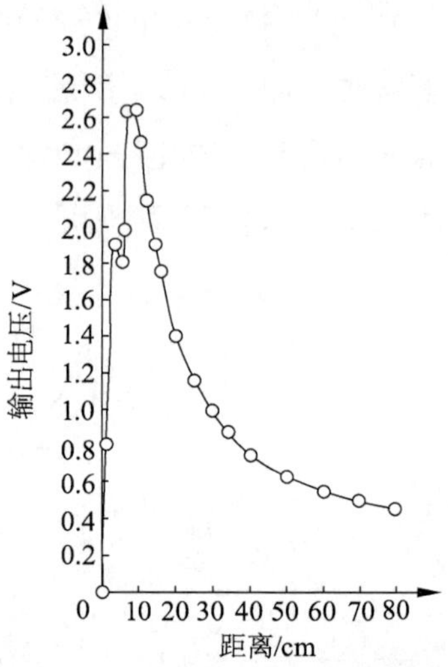

图 12-4　输出电压－距离关系图

【实验注意事项】

实验过程中严禁用导体接触实验仪裸露元器件及其引脚。

【实验步骤】

（1）检查实验仪是否断电，在断电情况下进行实验。

（2）用 2#连接导线连接，将“J5”和“J6”分别连接电压表头正负端。

（3）打开实验仪电源，观察液晶屏是否工作正常，以及电压表是否有示数显示。

（4）将挡板（书本等）放置在 PCB 板右侧距离传感器 10 ~ 80 cm 范围内，且使挡板与传感器断面平行放置于其正上方；在距离传感器 10 ~ 80 cm 的范围内，上下移动挡板距离，观察液晶屏显示的距离数据是否变化。

（5）关闭实验仪电源，拆除实验连线，还原实验仪。

►开放性实验

光电测距系统设计实验

（1）对照单片机模块实验指导书，熟悉单片机及各外围电路功能和用法，掌握单片机开发方法。

（2）参考单片机模块实验及上述光电测距实验，设计相关电路及编写程序，实现光电测距传感器输出的距离电压信号采集及距离定标校准处理。

（3）参考单片机模块实验指导书，用2#连接导线将单片机模块相应接口连接光电测距模块的“J5”“J6”（分别表示光电测距距离电压信号和地端）。

（4）自行编程，程序流程图如图12-5所示，实现光电测距传感器输出的距离电压信号采集及距离定标校准处理（可参考光电测距模块源程序），实现A/D转换和电压及距离的液晶屏显示功能。

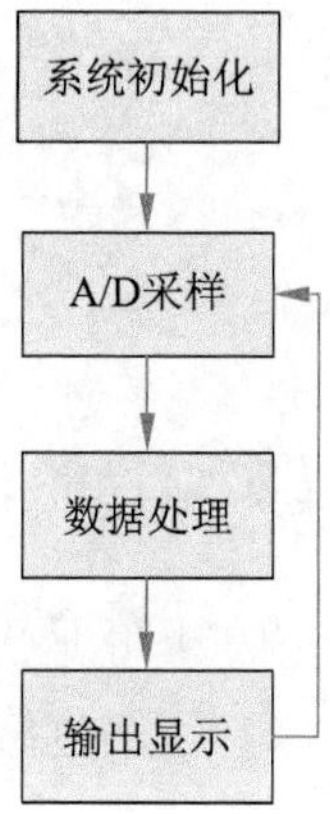

图12-5　程序流程图

（5）将自行编写程序的HEX文件烧入单片机（详见“实验十六　单片机开发实验”中软件的安装及使用），重复光电测距实验的实验步骤，验证光电测距实验。

【数据处理】

（1）数据列表，计算电压与距离间的变化关系，并画出 $V-D$ 曲线。

（2）计算测量距离与实际距离间的相对误差。

（3）分析产生误差可能的原因。

【思考题】

（1）分析光电测距过程中可能存在哪些误差因素？如何避免或减小这些因素导致的测量误差？

（2）试自行设计出一种光电测距的方案。

实验十三

温度测量颜色识别

【实验目的】

（1）了解 DS18B20 的特性和测量电路。

（2）了解色敏传感器 TCS3200 的基本特性和应用。

【实验内容】

（1）利用 DS18B20 实现对环境温度的测量。

（2）利用色敏传感器 TCS3200 实现对光源颜色的识别。

【实验仪器】

（1）实验平台（一台）；

（2）温度色敏实验模块（一块）；

（3）连接导线（若干）。

【实验原理】

1. DS18B20 工作原理

DS18B20 数字温度计提供 9 位（二进制）温度读数，指示器件的温度。信息经过单线接口送入或送出 DS18B20，因此主机 CPU 到 DS18B20 仅需一条线。DS18B20 的电源可以由数据线本身提供而不需要外部电源。因为每一个 DS18B20 在出厂时已经给定了唯一的序号，所以任意多个 DS18B20 可以存放在同一条单线总线上。这允许在许多不同的地方放置温度敏感器件。DS18B20 的测量范围为 −55 ~ 125 ℃，增量值为 0.5 ℃，可在 1 s 内把温度变换成数字。

温度测量原理框图如图 13-1 所示。

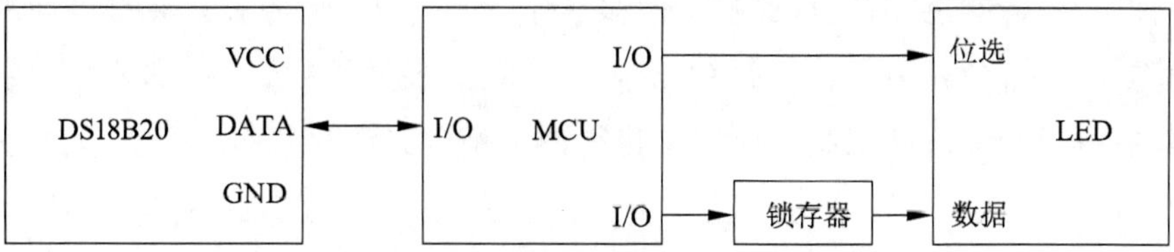

图 13-1　温度测量原理框图

2. TCS3200 工作原理

TCS3200 是 TAOS 公司推出的可编程彩色光到频率的转换器，如图 13-2 所示。它把可配置的硅光电二极管与电流频率转换器集成在一个单一的 CMOS 电路上，在单一芯片上集成有 64 个光电二极管，这些二极管分为 4 种类型：其中 16 个光电二极管带有红色滤波器；16 个光电二极管带有绿色滤波器；16 个光电二极管带有蓝色滤波器；其余 16 个不带有任何滤波器，可以透过全部的光信息。工作时，通过两个可编程的引脚来动态选择所需要的滤波器，如表 13-1 所示，该传感器的典型输出频率范围为 2～500 kHz，用户还可以通过两个可编程引脚来选择 100%，20% 或 2% 的输出比例因子。

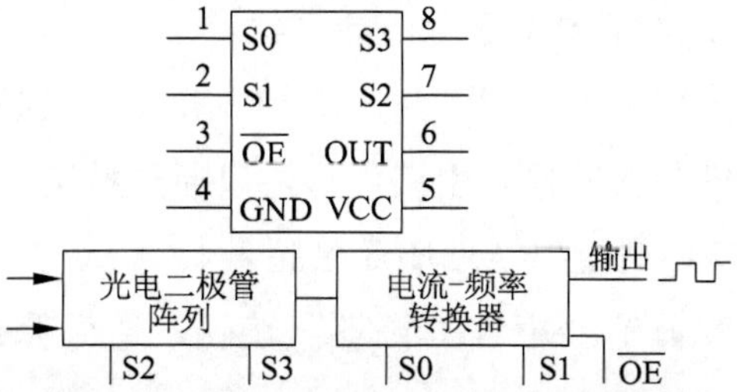

图 13-2　TCS3200 的引脚和功能框图

表 13-1　S0，S1 及 S2，S3 的组合选项

S0	S1	输出频率定标	S2	S3	滤波器类型
L	L	关断电源	L	L	红色
L	H	20%	L	H	蓝色
H	L	20%	H	L	无
H	H	100%	H	H	绿色

当光源照射到色敏芯片上以后，芯片 6 脚会输出方波信号，利用单片机的计数器可得到方波信号的频率，通过对 S2，S3 进行设置，每隔一段时间切换一次颜色通道，可得到不同通道下的信号输出频率，进而确定 R，G，B 值及颜色。

白平衡：使用白色光源照射到 TCS3200 上；依次选通红色、绿色和蓝色滤波器，分别测得红色、绿色和蓝色的频率输出值 F_R，F_B，F_G。

白平衡完了以后，将待测色光照射到 TCS3200 上；依次选通红色、绿色和蓝色滤波器，分别测得红色、绿色和蓝色的频率输出值 F_{R1}，F_{B1}，F_{G1}。通过计算可得到色光的配色比为 R∶B∶G =（F_{R1}/F_R）∶（F_{B1}/F_B）∶（F_{G1}/F_G），通过查找配色表可得到色光的颜色。

本实验中由于光源条件限制，所以未进行白平衡，光源采用全彩灯，仅通过分析 F_{R1}，F_{B1}，F_{G1} 三者的关系实现了红、绿、蓝、黄、青、紫、白 7 种色光颜色的识别。

【实验注意事项】

（1）打开电源之前，将“电源调节”处旋钮逆时针调至底端。

（2）实验操作中不要带电插拔导线，应该在熟悉原理后，按照接线图连接，检查无误后，方可打开电源进行实验。

（3）若电流表或电压表显示为“1_ ”，说明超出量程，应选择合适的量程再测量。

（4）严禁将任何电源对地短路。

【实验步骤】

（1）开启电源，将 S4 拨向上到温度挡，观察数码管能否正常显示温度，用手长捏住 U4 即温度传感器 DS18B20，观察温度显示值的变化。

（2）使用四个短路块分别将 J2，J3，J4，J5 的 2 和 3 端接起来。

（3）全彩灯光源结构件与实验模块上全彩灯接口通过航空插座连接起来，色敏结构件与实验模块上色敏传感器接口通过航空插座连接起来。

（4）打开实验箱电源，调节照度计“调零”旋钮，直到照度计显示“000.0”为止，关闭实验箱电源。

（5）实验中将全彩灯光源结构件和色敏结构件对接，两端面留出 2～3 mm 以便于观察光源的颜色。

（6）开启电源，将 S4 拨向下到颜色挡，按下复位开关 K0。K2，K3，K4 分别控制全彩灯光源的颜色，控制 K2，K3，K4 开关的状态，可以调出红、绿、蓝、黄、青、紫、白 7 种色光。J9 为颜色指示灯，改变光源的颜色观察 J9 的颜色变化。

【思考题】

（1）试使用热敏电阻或者热敏传感器设计简易数字温度计？

（2）深入分析 TCS3200 的原理，利用 TCS3200 实现复合光的颜色识别。

实验十四

颜色识别系统设计/数字式温度计设计

【实验目的】

（1）了解 DS18B20 的特性和测量电路。

（2）了解色敏传感器 TCS3200 的基本特性和应用。

【实验内容】

（1）利用 DS18B20 实现对环境温度的测量。

（2）利用色敏传感器 TCS3200 实现对光源颜色的识别。

【实验仪器】

（1）实验平台（一台）；

（2）温度色敏实验模块（一块）；

（3）连接导线（若干）。

【实验原理】

1. DS18B20 工作原理

DS18B20 数字温度计提供 9 位（二进制）温度读数，指示器件的温度。信息经过单线接口送入或送出 DS18B20，因此主机 CPU 到 DS18B20 仅需一条线。DS18B20 的电源可以由数据线本身提供而不需要外部电源。因为每一个 DS18B20 在出厂时已经给定了唯一的序号，所以任意多个 DS18B20 可以存放在同一条单线总线上。这允许在许多不同的地方放置温度敏感器件。DS18B20 的测量范围为 -55 ~ 125 ℃，增量值为 0.5 ℃，可在 1 s 内把温度变换成数字。

温度测量原理框图如图 14-1 所示。

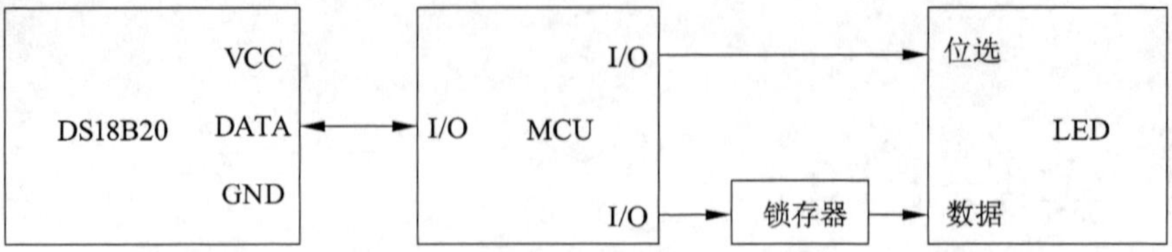

图 14-1　温度测量原理框图

2. TCS3200 工作原理

TCS3200 是 TAOS 公司推出的可编程彩色光到频率的转换器，如图 14-2 所示。它把可配置的硅光电二极管与电流频率转换器集成在一个单一的 CMOS 电路上，在单一芯片上集成有 64 个光电二极管，这些二极管分为 4 种类型：其中 16 个光电二极管带有红色滤波器；16 个光电二极管带有绿色滤波器；16 个光电二极管带有蓝色滤波器；其余 16 个不带有任何滤波器，可以透过全部的光信息。工作时，通过两个可编程的引脚来动态选择所需要的滤波器，如表 14-1 所示，该传感器的典型输出频率范围从 2 ~ 500 kHz，用户还可以通过两个可编程引脚来选择 100%，20% 或 2% 的输出比例因子。

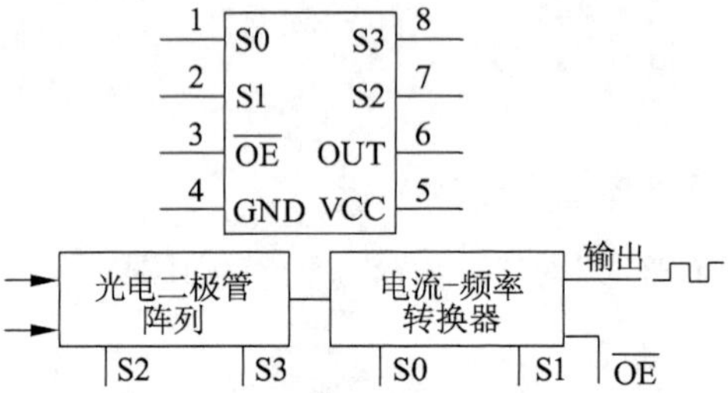

图 14-2　TCS3200 的引脚和功能框图

表 14-1　S0，S1 及 S2，S3 的组合选项

S0	S1	输出频率定标	S2	S3	滤波器类型
L	L	关断电源	L	L	红色
L	H	20%	L	H	蓝色
H	L	20%	H	L	无
H	H	100%	H	H	绿色

当光源照射到色敏芯片上以后，芯片 6 脚会输出方波信号，利用单片机的计数器可得到方波信号的频率，通过对 S2，S3 进行设置，每隔一段时间切换一次颜色通道，可得到不同通道下的信号输出频率，进而确定 R，G，B 值及颜色。

白平衡：使用白色光源照射到 TCS3200 上，依次选通红色、绿色和蓝色滤波器，分别测得红色、绿色和蓝色的频率输出值 F_R，F_B，F_G。

白平衡完了以后，将待测色光照射到 TCS3200 上，依次选通红色、绿色和蓝色滤波器，分别测得红色、绿色和蓝色的频率输出值 FR1，FB1，FG1。通过计算可得到色光的配色比为 R∶B∶G = （FR1/FR）∶(FB1/FB）∶(FG1/FG)，通过查找配色表可得到色光的颜色。

本实验中由于光源条件限制，所以未进行白平衡，光源采用全彩灯，仅通过分析 FR1，FB1，FG1 三者的关系实现了红、绿、蓝、黄、青、紫、白 7 种色光颜色的识别。

【实验注意事项】

(1) 打开电源之前，将“电源调节”处旋钮逆时针调至底端。

(2) 实验操作中不要带电插拔导线，应该在熟悉原理后，按照接线图连接，检查无误后，方可打开电源进行实验。

(3) 若电流表或电压表显示为“1_ ”，说明超出量程，应选择合适的量程再测量。

(4) 严禁将任何电源对地短路。

【实验步骤】

(1) 对照单片机模块实验指导书，熟悉单片机及各外围电路功能及用法，掌握单片机开发方法。

(2) 参考单片机模块实验及温度色敏实验编写程序，设计相关电路及编写程序实现颜色识别和温度显示功能。

(3) 参考设计性实验接线说明，将自行编写程序的 HEX 文件烧入单片机（详见“实验十六　单片机开发实验”软件的安装及使用)，验证温度色敏实验（调试时将温度色敏模块上的单片机拔去)。

【思考题】

(1) 试使用热敏电阻或者热敏传感器设计简易数字温度计?

(2) 深入分析 TCS3200 的原理，利用 TCS3200 实现复合光的颜色识别。

实验十五

红外体温测量设计

【实验目的】

（1）了解红外温度传感器的结构。
（2）掌握红外测温的工作原理。

【实验内容】

红外体温测量设计实验。

【实验仪器】

（1）实验平台（一台）；
（2）单片机模块（一块）；
（3）红外体温计探头组件（一套）；
（4）连接导线（若干）。

【实验原理】

自然界一切温度高于绝对零度的物体，都在不停地向外发出红外线。物体发出的红外线能量大小及其波长分布同它的表面温度有密切关系，物体的辐射能量与温度的4次方成正比，其辐射能量密度与物体本身的温度关系符合普朗克定律。因此，通过测量物体辐射出的红外能量的大小就能测定物体的表面温度。微小的温度变化会引起明显的辐射能量变化，因此利用红外辐射测量温度的灵敏度很高。实际物体的辐射度除了依赖于温度和波长外，还与构成该物体的材料性质及表面状态等因素有关。只要引入一个随材料性质及表面状态变化的辐射系数，就可把黑体的基本定律应用于实际物体。这个辐射系数，就是发射率 ε，或称为比辐射率，定义为实际物体与同温度黑体辐射性能之比，该系数表示实际物体的热辐射与黑体辐射的接近程度，其数值在0和1之间。

非接触式红外测温仪采用红外技术进行测量，测量时不需接触被测物体，只需瞄准和按下测温按钮就可快速准确地测出物体表面温度，测量数据直接显示在 LCD 显示屏上。红外测温仪重量轻，体积小，使用方便，并能可靠地测量热的、危险的及其他物体，而不会污染或损坏被测物体。

红外线测温仪应用非常广泛，最主要有以下几大领域：

（1）食品领域：测量食品生产、存储及运输过程中的温度。

（2）电气领域：检查有故障的变压器、电气面板和接头。

（3）汽车工业领域：诊断汽缸和加热/冷却系统。

（4）HVAC 领域：监视空气分层、供/回记录、炉体性能。

（5）其他领域：许多工程、基地和改造应用等领域均有在使用。

本实验涉及的红外体温测量由红外温度探测器、信号放大器、信号处理、显示输出以及数据分析等部分组成。目标红外辐射能量聚集在红外温度探测器上并转变为相应的电信号，该信号再经换算转变为被测目标的温度值。使用红外线测温仪测量温度时，要将红外线测温仪对准要测的物体，按下测温按钮即可在液晶屏 LCD 上读出温度数据。

【实验注意事项】

（1）只能测量被测物体表面温度，不能测量物体内部温度。

（2）不能透过玻璃进行温度测量，玻璃的透射性和反射性能不同于其他材料，得出的温度会受影响。

（3）不要用红外测温仪测量光亮或抛光金属表面（铝、不锈钢等）。

（4）注意使用环境条件，不要让灰尘、蒸汽、烟雾等遮住镜头，不然会干扰测量精度。

（5）注意使用环境温度，如果遇到 10 ℃以上的突变环境温差，产品需要至少二十分钟适应新的环境温度。

（6）实验操作中不要带电插拔导线及元器件。

（7）严禁将任何电源对地短路。

（8）严禁随意拆卸结构件，以免影响光路传输。

（9）严格按照实验指导书的步骤进行操作，出现任何异常情况，请立即关机断电，并请相关实验老师作指导。

【实验步骤】

1. 红外体温测量设计实验

（1）将单片机模块插入实验仪的卡槽中，将配套光盘中的红外体温计探头的

“tl2543. hex” 文件烧入单片机（具体下载方式，详见“实验十六　单片机开发实验”中软件的安装及使用）。

（2）将红外体温计探头后端盖的红、黑、绿色插孔分别连接到实验仪主机的“+5V”“GND”“-5V”插孔。

（3）将红外体温计探头的蓝色插孔连接至“单片机模块”的 A1，单片机模块中 P10～P17 分别连接至 D7～D0；EN 接 P24，RW 接 P25，RS 接 P26，CLK2 接 P33，EOC2 接 P34，DIN2 接 P35，DOUT2 接 P36，CS2 接 P37，KEY_4 接 P32。

（4）打开实验仪电源，按下单片机模块上的“复位”开关，可观察到单片机模块的液晶屏上有显示值：上排为温度值，下排为电压值。

（5）按下“复位”开关，显示清零。将红外体温计探头对准额头（非接触式），同时按下开关 KEY4，此时显示即为测量温度值 T1。

（6）再重复步骤（4）两次，记录相关测量温度值 T2 及 T3。

（7）将红外体温计探头距离额头不等的距离，重复操作实验步骤（4）及（5），记录相关数据，分析前后差异。

（8）关闭电源，拆除连接导线，还原实验仪及结构组件等。

2. 红外体温计设计

（1）对照单片机模块实验指导书，熟悉单片机及各外围电路功能及用法，掌握单片机开发方法。

（2）参考单片机模块实验及红外遥控指示灯设计实验，设计相关电路及编写程序，实现了解红外温度传感器的结构及掌握红外测温的工作原理的目的。

（3）参考单片机模块实验指导书，用导线将单片机模块相应接口连接红外体温计结构件的蓝色插孔（主要是红外温度传感器探测到的微弱红外信号，经过 AD620 及 OP07 的两级放大输出的电压信号）。

（4）自行编程，实现此红外体温测量（可参考红外体温计探头源程序及图 15-1 的流程图），使液晶屏显示测量电压值及温度值。

（5）将自行编写程序的 HEX 文件烧入单片机（详见“实验十六　单片机开发实验”中软件的安装及使用），参考“红外体温测量设计实验”的步骤，验证实验。

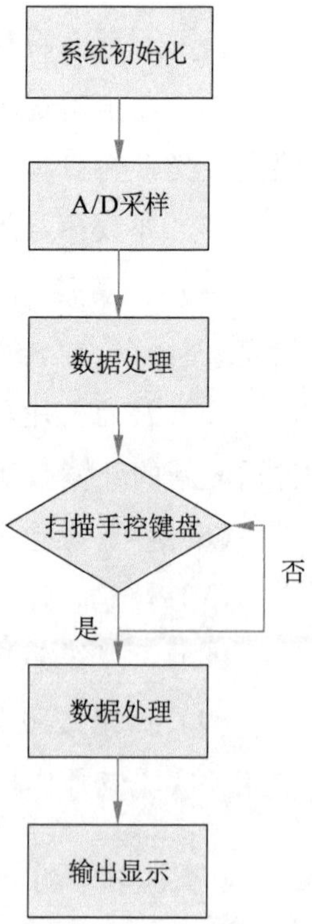

图 15-1　流程图

【实验报告要求】

（1）认真按照步骤操作实验，记录相关实验数据，并做平均值处理。

（2）根据记录的数据，绘制 $V-T$ 曲线，分析形成规律。

【思考题】

（1）红外测温可应用于哪些领域？

（2）红外温度传感器的结构原理是什么？

实验十六

单片机开发

【实验目的】

（1）掌握利用单片机控制蜂鸣器发声的原理。
（2）掌握利用模拟电路来实现对蜂鸣器发声的控制。
（3）了解 LCD1602 的控制方法。
（4）掌握 LCD1602 的操作时序。
（5）理解 A/D 及 D/A 转换器的原理。
（6）掌握 A/D 及 D/A 转换器的性能指标。

【实验内容】

（1）蜂鸣器实验。
（2）LCD/602 实验。
（3）单片机开发 - AD/DA 实验。
（4）软件的安装与使用。

【实验仪器】

（1）实验平台（一台）；
（2）单片机实验模块（一块）；
（3）万用表（一件）；
（4）连接导线（若干）。

【实验原理】

1. 蜂鸣器

通过编程来控制单片机的 IO 输出高低电平，从而通过控制三极管的导通来达到实现蜂鸣器发声的目的。

在比较放大电路中可以输入一个电压，通过模拟电路来实现输入电压与参考电压的比较，若输入电压比参考电压大，则输出为 1，反之则输出为 0，将比较放大电路的输出与蜂鸣器电路的输入相连，可以控制蜂鸣器的发声。

编写程序，通过控制单片机的 IO 来控制蜂鸣器的发声；通过在比较电路上输入一定的电压来控制蜂鸣器的发声，原理图如图 16-1 所示。

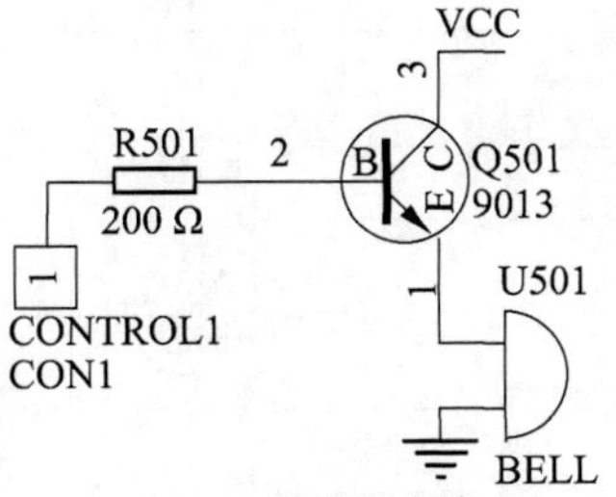

(a) 蜂鸣器电路

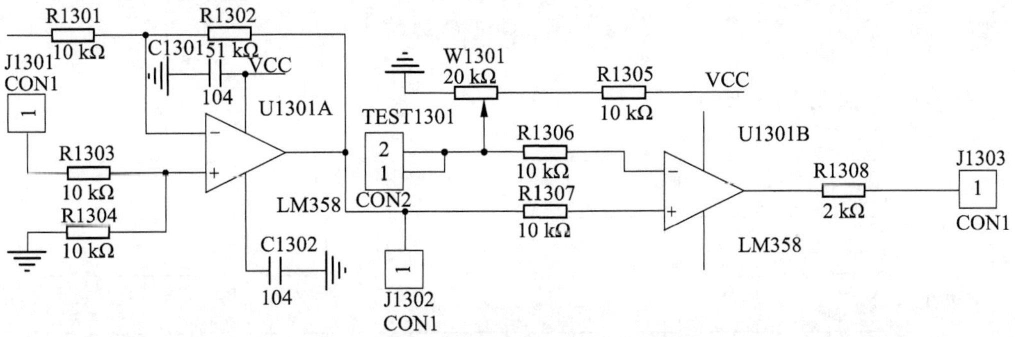

(b) 比较放大电路

图 16-1　蜂鸣器原理图

2. LCD1602

1602LCD 管脚定义如下：

第 1 脚：V_{SS}为地电源。

第 2 脚：V_{DD}接 5 V 正电源。

第 3 脚：V_0 为液晶显示器对比度调整端，接正电源时对比度最弱，接地时对比度最高，但对比度过高时会产生“鬼影”。使用时可以通过一个 10 kΩ 的电位器来调整对比度。

第 4 脚：*RS* 为寄存器选择，高电平时选择数据寄存器、低电平时选择指令寄存器。

第 5 脚：*RW* 为读写信号线，高电平时进行读操作，低电平时进行写操作。当 *RS* 和 *RW* 共同为低电平时，可以写入指令或者显示地址。

当 *RS* 为低电平、*RW* 为高电平时，可以读忙信号；当 *RS* 为高电平、*RW* 为低电平时，可以写入数据。

第 6 脚：*E* 端为使能端，当 *E* 端由高电平跳变成低电平时，液晶模块执行命令。

第 7 ~ 14 脚：D_0 ~ D_7 为 8 位双向数据线。

第 15 脚：背光电源接 5 V 正电压。

第 16 脚：背光电源接地。

读操作时序如图 16-2 所示。

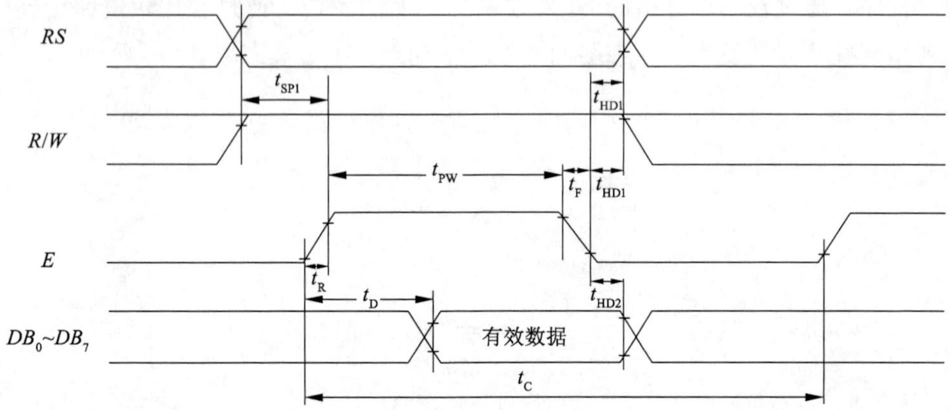

图 16-2　读操作时序

写操作时序如图 16-3 所示。

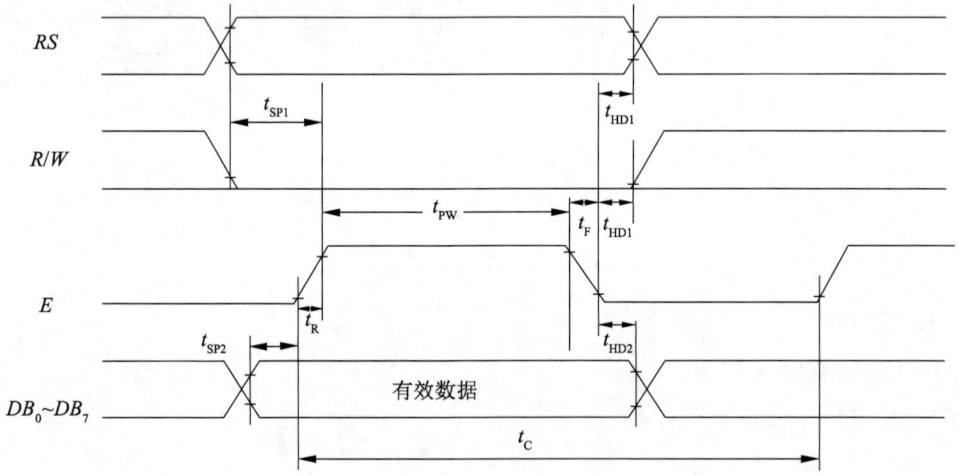

图 16-3　写操作时序

时序参数如表 16-1 所示。

表 16-1　时序参数

时序参数	符号	极限值			单位	测试条件
		最小值	典型值	最大值		
E 信号周期	t_c	400	–	0	ns	引脚 E
E 脉冲宽度	t_{PW}	150	–	–	ns	
E 上升沿/下降沿时间	t_R，t_F	–	–	25	ns	
地址建立时间	t_{SP1}	30	–	–	ns	引脚 E，RS，R/W
地址保持时间	t_{HD1}	10	–	–	ns	
数据建立时间（读操作）	t_D	–	–	100	ns	引脚 $DB_0 \sim DB_7$
数据保持时间（读操作）	t_{HD2}	20	–	–	ns	
数据建立时间（写操作）	t_{SP2}	40	–	–	ns	
数据保持时间（写操作）	t_{HD2}	10	–	–	ns	

用户所编的显示程序，开始时必须进行初始化，否则模块无法正常显示，有关初始化的方法可以查看 1602 液晶屏的 datasheet。

3. 单片机开发 – AD/DA

1）D/A 转换器的原理及主要技术指标

（1） D/A 转换器的基本原理及分类。

T 形电阻网络 D/A 转换器如图 16-4 所示。

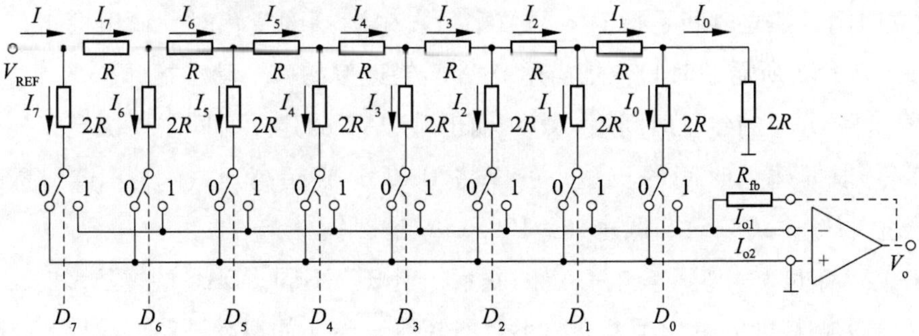

图 16-4　T 形电阻网络 D/A 转换器

输出电压的大小与数字量具有对应的关系：

$$I = V_{REF}/R$$

$I_7 = I/2^1$，$I_6 = I/2^2$，$I_5 = I/2^3$，$I_4 = I/2^4$，$I_3 = I/2^5$，$I_2 = I/2^6$，$I_1 = I/2^7$，$I_0 = I/2^8$

当输入数据 $D_7 \sim D_0$ 为 11111111B 时，有：

$I_{o1} = I_7 + I_6 + I_5 + I_4 + I_3 + I_2 + I_1 + I_0 =$ （$I/2^8$） × （$2^7 + 2^6 + 2^5 + 2^4 + 2^3 + 2^2 + 2^1 + 2^0$）

$I_{o2} = 0$

若 $R_{fb}=R$，则：

$$
\begin{aligned}
V_o &= -I_{o1}\times R_{fb} = -I_{o1}\times R \\
&= -[(V_{REF}/R)/2^8]\times(2^7+2^6+2^5+2^4+2^3+2^2+2^1+2^0)\times R \\
&= -(V_{REF}/2^8)\times(2^7+2^6+2^5+2^4+2^3+2^2+2^1+2^0)
\end{aligned}
$$

（2）D/A 转换器的主要性能指标。

① 分辨率：分辨率是指输入数字量的最低有效位（LSB）发生变化时，所对应的输出模拟量（电压或电流）的变化量。它反映了输出模拟量的最小变化值。

分辨率与输入数字量的位数有确定的关系，可以表示成 $FS/2n$。FS 表示满量程输入值，n 为二进制位数。对于 5 V 的满量程，采用 8 位的 DAC 时，分辨率为 5 V/256 = 19. 5 mV；当采用 12 位的 DAC 时，分辨率则为 5 V/4096 = 1. 22 mV。显然，位数越多分辨率就越高。

② 线性度：线性度（也称非线性误差）是实际转换特性曲线与理想直线特性之间的最大偏差，常以相对于满量程的百分数来表示。如 ±1% 是指实际输出值与理论值之差在满刻度的 ±1% 以内。

③ 绝对精度和相对精度：绝对精度（简称精度）是指在整个刻度范围内，任一输入数码所对应的模拟量实际输出值与理论值之间的最大误差。绝对精度是由 DAC 的增益误差（当输入数码为全 1 时，实际输出值与理想输出值之差）、零点误差（数码输入为全 0 时，DAC 的非零输出值）、非线性误差和噪声等引起的。绝对精度（即最大误差）应小于 1 个 LSB。相对精度与绝对精度表示同一含义，用最大误差相对于满刻度的百分比来表示。

④ 建立时间：建立时间是指输入的数字量发生满刻度变化时，输出模拟信号达到满刻度值的 ±1/2 LSB 所需的时间，是描述 D/A 转换速率的一个动态指标。

电流输出型 DAC 的建立时间短。电压输出型 DAC 的建立时间主要决定于运算放大器的响应时间。根据建立时间的长短，可以将 DAC 分成超高速（ <1 μS）、高速（10 ~ 1 μS）、中速（100 ~ 10 μS）、低速（ ≥100 μS）这四挡。

应当注意，精度和分辨率具有一定的联系，但概念不同。DAC 的位数多时，分辨率会提高，对应于影响精度的量化误差会减小。但其他误差（如温度漂移、线性不良等）的影响仍会使 DAC 的精度变差。

2）A/D 转换器的原理及主要技术指标

（1）逐次逼近式 ADC 的转换原理如图 16-5 所示。

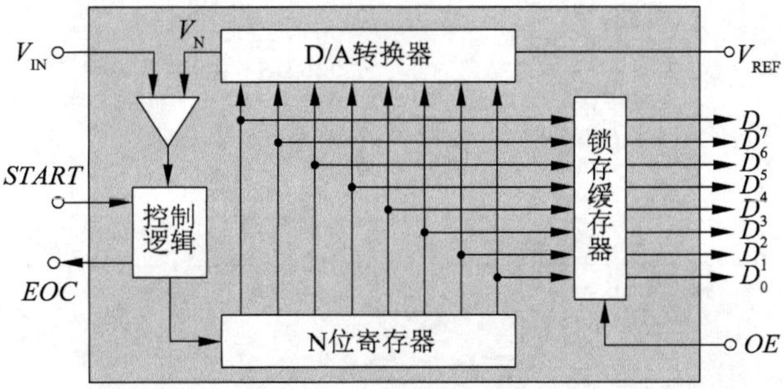

图 16-5　逐次逼近式 ADC

（2）双积分式 ADC 的转换原理图如图 16-6 所示。

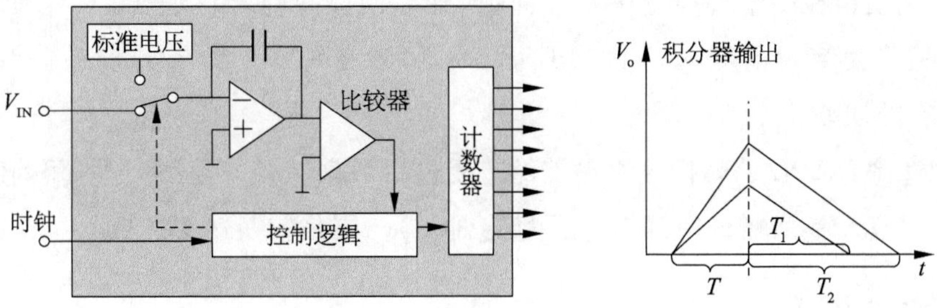

图 16-6　双积分式 ADC

（3）A/D 转换器的主要技术指标。

① 分辨率：ADC 的分辨率是指使输出数字量变化一个相邻数码所需输入模拟电压的变化量，常用二进制的位数表示。例如，12 位 ADC 的分辨率就是 12 位，或者说分辨率为满刻度 FS 的$\frac{1}{2^{12}}$。一个 10 V 满刻度的 12 位 ADC，能分辨的输入电压变化最小值是 10 V × $\frac{1}{2^{12}}$ = 2. 4 mV。

② 量化误差：ADC 把模拟量变为数字量，用数字量近似表示模拟量，这个过程称为量化。量化误差是指 ADC 的有限位数对模拟量进行量化而引起的误差。实际上，要准确表示模拟量，ADC 的位数需很大甚至无穷大。一个分辨率有限的 ADC 的阶梯状转换特性曲线与具有无限分辨率的 ADC 转换特性曲线（直线）之间的最大偏差即是量化误差，如图 16-7 所示。

③ 偏移误差：偏移误差是指输入信号为零时，输出信号不为零的值，所以有时又称为零值误差。假定 ADC 没有非线性误差，则其转换特性曲线各阶梯中点的连线必定是直线，这条直线与横轴相交点所对应的输入电压值就是偏移误差。

④ 满刻度误差：满刻度误差又称为增益误差。ADC 的满刻度误差是指满刻度输出数码所对应的实际输入电压与理想输入电压之差。

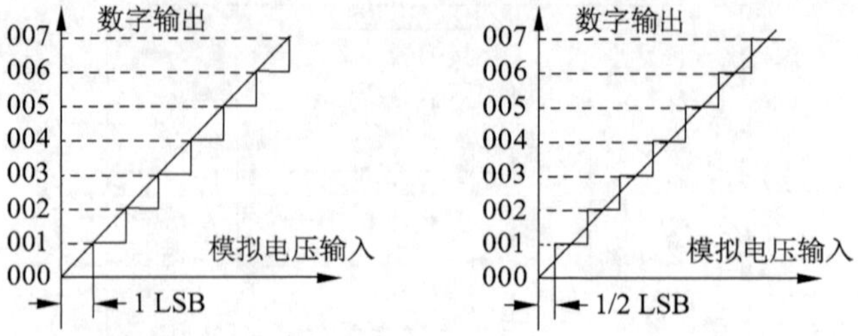

图 16-7　量化误差

⑤ 线性度：线性度有时又称为非线性度，它是指转换器实际的转换特性与理想直线的最大偏差。

⑥ 绝对精度：在一个转换器中，任何数码所对应的实际模拟量输入与理论模拟输入之差的最大值称为绝对精度。对于 ADC 而言，可以在每一个阶梯的水平中点进行测量，它包括了所有的误差。

⑦ 转换速率：ADC 的转换速率是能够重复进行数据转换的速度，即每秒转换的次数；而完成一次 A/D 转换所需的时间（包括稳定时间），则是转换速率的倒数。

【实验注意事项】

（1）不得插拔计算机与实验装置之间的通信线。

（2）不得移动或互换实验装置。

（3）不要在中文格式下编写程序。程序写好后，文件名不能用中文名保存，文件名长度不能超过 8 个字符。在写最后一句结束语句时不要按回车键。

【实验步骤】

1. 蜂鸣器实验

根据实验原理编写程序，编写程序时如有不懂的地方可以查阅相关的书籍或上网查找相关的例程和资料参考，结合相关资料弄懂实验原理和实验的实现方法后，自己动手编写程序，编译后烧入单片机，看蜂鸣器是否发声；或者在比较放大电路的输入端输入一定的电压，看蜂鸣器是否发声。实验例程可参考配套光盘中名为“实验六”的文件夹中的源程序。烧入该实验例程的步骤为：

（1）用串口线将实验板与单机连接。

（2）打开“STC－ISP. exe”软件，在该软件界面的“Step1”方框里选择单片机的型号为“STC12C5A60S2”，在该软件界面的“Step2”方框里用鼠标左键单击“打开程序文件”，找到实验例程所在的文件夹，选择“beep. hex”文件，然后单击“打开”。

（3）在该软件界面的“Step3”方框里选择 com 口为 com1，最高波特率选择为

115200，最低波特率选择为 2400。

（4）软件界面的“Step4”用该软件的默认设置，不需自己设置。

（5）在该软件界面的“Step5”方框里单击“Download/下载”；给单片机上电，程序就烧入单片机。软件的设置可以参见本实验“4. 软件的安装与使用”中的图片说明。

注：对应于实验例程的单片机接线请参见配套光盘中对应文件夹中的接线说明。

程序流程图如图 16-8 所示。

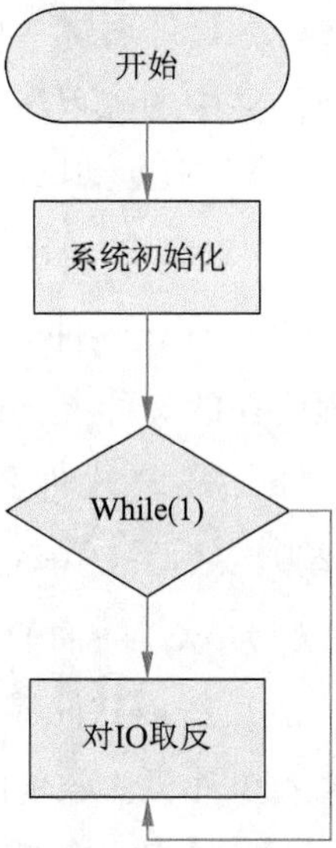

图 16-8　程序流程图 1

2. LCD1602 实验

根据 LCD1602 的说明文档，进行程序的编写，编写程序时如有不懂的地方可以查阅相关的书籍或上网查找相关的例程和资料参考，结合相关资料弄懂实验原理和实验的实现方法后，自己动手编写程序，将程序编译完后烧入单片机，观察液晶屏的显示。实验例程可参考配套光盘中名为“实验八”的文件夹中的源程序。烧入该实验例程的步骤为：

（1）用串口线将实验板与单机连接，打开“STC－ISP. exe”软件，在该软件界面的“Step1”方框里选择单片机的型号为“STC12C5A60S2”。

（2）在该软件界面的“Step2”方框里用鼠标左键单击“打开程序文件”，找到实验例程所在的文件夹，选择“1602. hex”文件，然后单击“打开”。

（3）在该软件界面的“Step3”方框里选择 com 口为 com1，最高波特率选择为 115200，最低波特率选择为 2400。

（4）软件界面的“Step4”用该软件的默认设置，不需自己设置。

（5）在该软件界面的“Step5”方框里单击“Download/下载”，给单片机上电，程序就烧入单片机。软件的设置可以参见本实验“4. 软件的安装与使用”中的图片说明。

注：对应于实验例程的单片机接线请参见配套光盘中对应文件夹中的接线说明。

程序流程图如图 16-9 所示。

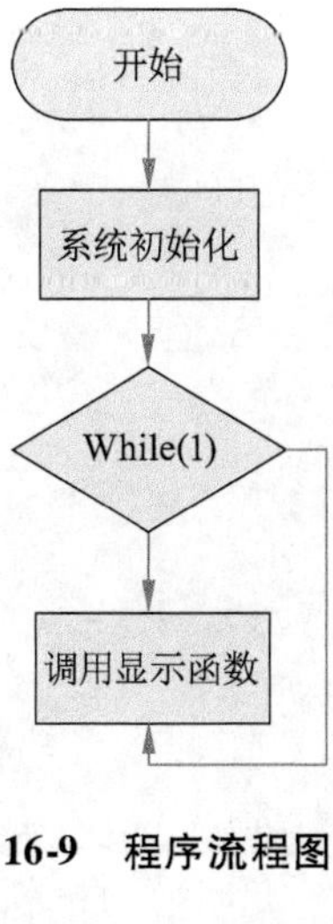

图 16-9　程序流程图 2

3. 单片机开发－AD/DA 实验

根据实验原理编写程序，编写程序时如有不懂的地方可以查阅相关的书籍或上网查找相关的例程和资料参考，结合相关资料弄懂实验原理和实验的实现方法后，自己动手编写程序，编译好后烧入单片机，分别观察结果，实验例程可参考配套光盘中名为“实验九”的文件夹中的源程序。烧入该实验例程的步骤为：

（1）用串口线将实验板与单机连接，打开“STC－ISP. exe”软件，在该软件界面的“Step1”方框里选择单片机的型号为“STC12C5A60S2”。

（2）在该软件界面的“Step2”方框里用鼠标左键单击“打开程序文件”，找到实验例程所在的文件夹，选择相应的 hex 文件，然后单击打开。

（3）在该软件界面的“Step3”方框里选择 com 口为 com1，最高波特率选择为 115200，最低波特率选择为 2400。

（4）软件界面的“Step4”用该软件的默认设置，不需自己设置。

（5）在该软件界面的“Step5”方框里单击“Download/下载”，给单片机上电，程序就烧入单片机。软件的设置可以参见本实验“4. 软件的安装与使用”中的图片说明。

注：对应于实验例程的单片机接线请参见光盘中对应文件夹中的接线说明。

程序流程图如图 16-10 所示。

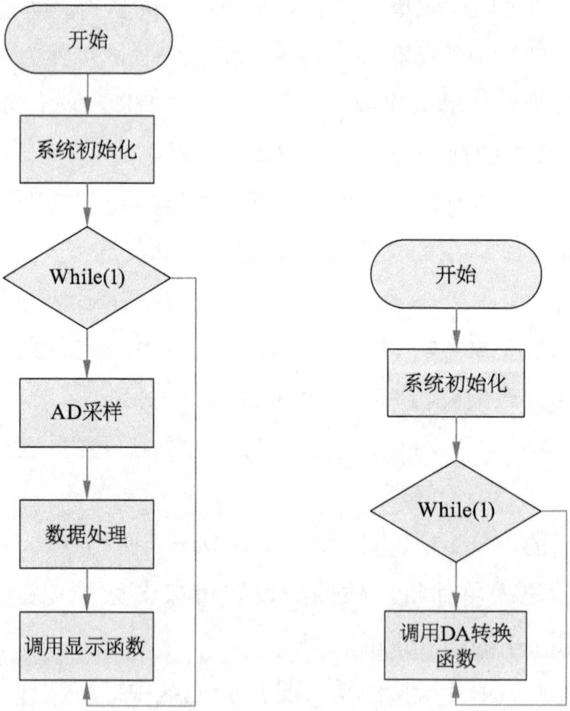

图 16-10　程序流程图 3

4. 软件的安装与使用

1）安装 Keil 软件

（1）双击 c51v802. exe（uVision3 SetupKEIL）安装图标，出现如图 16-11 所示界面。

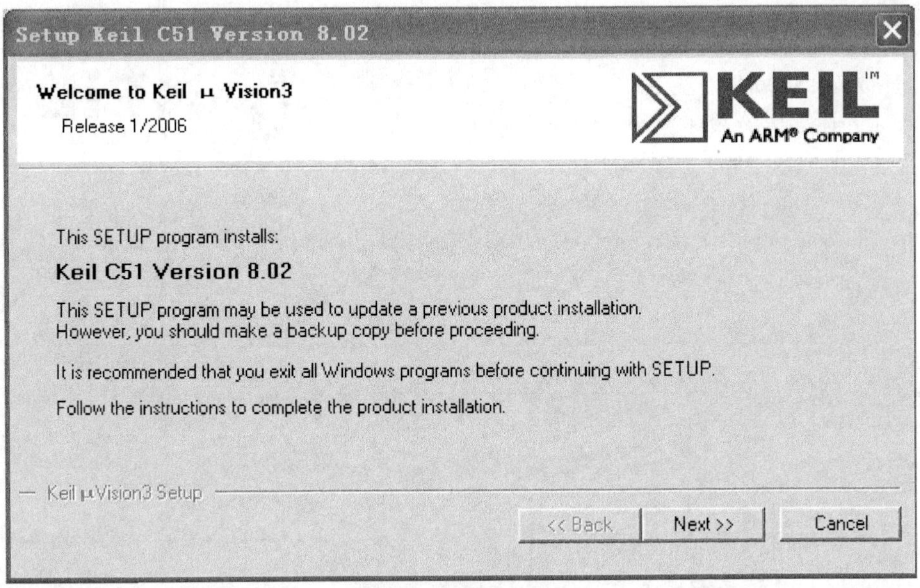

图 16-11　打开软件

单击“Next”，出现如图 16-12 所示界面。

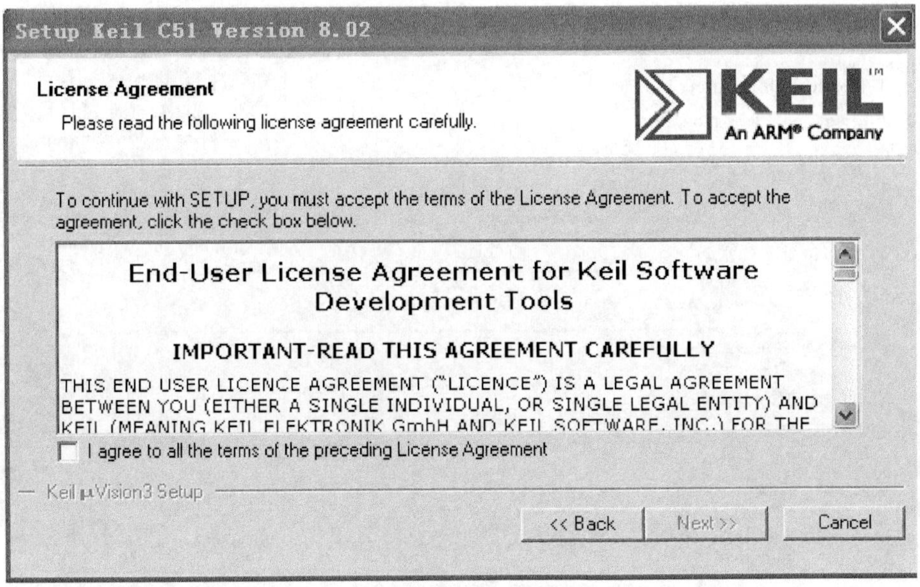

图 16-12　同意界面

选择“I agree to all the terms of the preceding License Agreement”，单击“Next”，出现如图 16-13 所示界面。

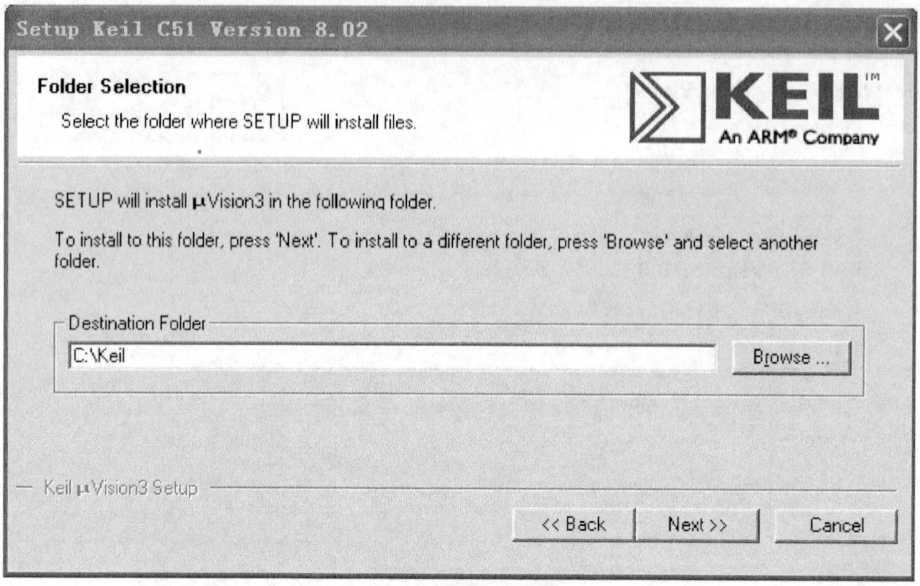

图 16-13　安装路径界面

单击“Browse”可以更换安装文件目录，单击“Next”，出现如图 16-14 所示界面。

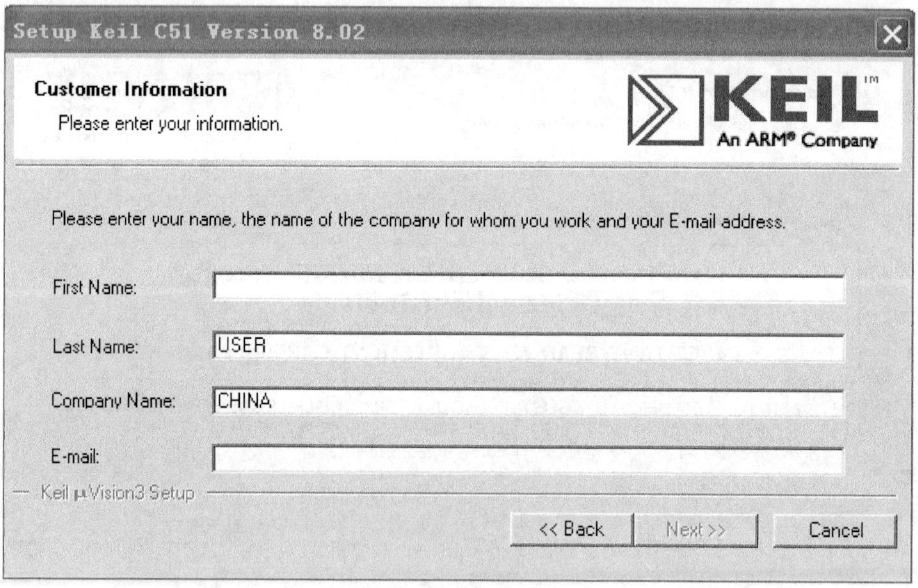

图 16-14　信息界面

填入“First Name，Last Name，Company Name，E-mail”（可根据自己的实际情况填写），出现如图 16-15 所示界面。

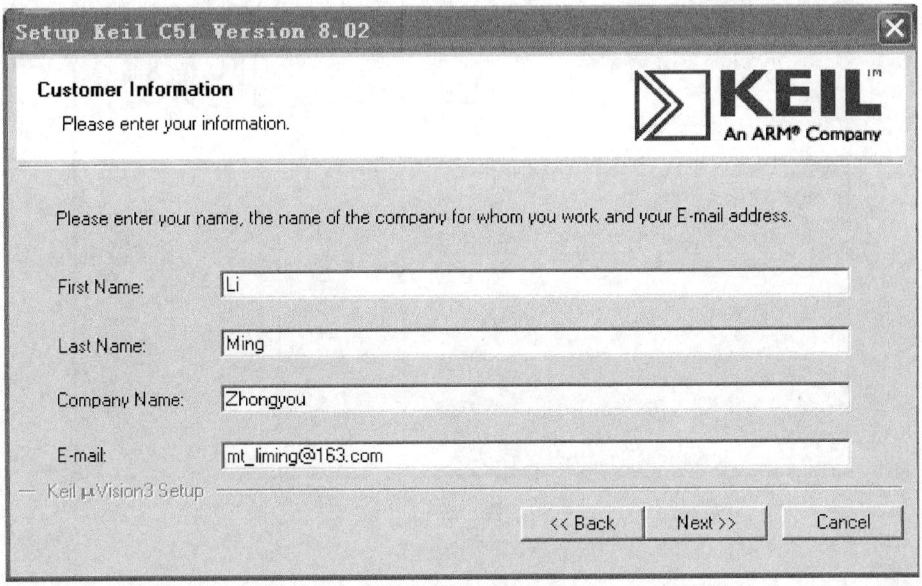

图 16-15　填入信息

单击“Next”，开始安装，界面如图 16-16 所示。

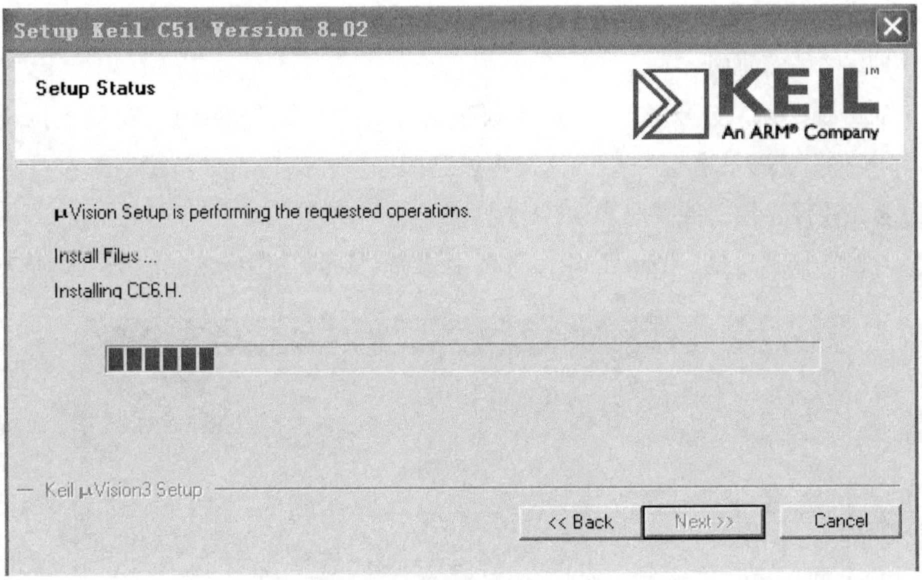

图 16-16　安装界面

安装完毕，出现如图 16-17 所示界面。

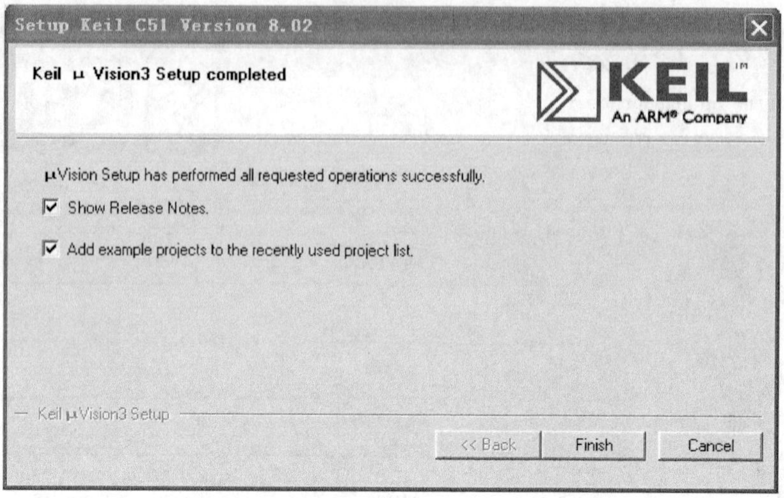

图 16-17　安装界面

单击“Finish”，安装完成。

（2）第一次运行请先进入 file -> License Management 弹出窗口下输入注册码，注册码由 Keil_lic_v2. exe 生成，选择 V2 选项，生成后复制 LIC0 内容到 keil 弹出窗口的 New License ID Code 中，然后单击 Add LIC。

2）KEIL 软件的使用

（1）双击图标，打开 Keil uvision3 程序编写软件。在“project”菜单下拉选项中选择“new project”选项，新建一个工程文件。选择好保存路径后，新建一个文件夹，将工程文件命名，并保存在文件夹内。

（2）在跳出对话框的“Date base”选项中选择“Intel”图标，如图 16-18 所示。

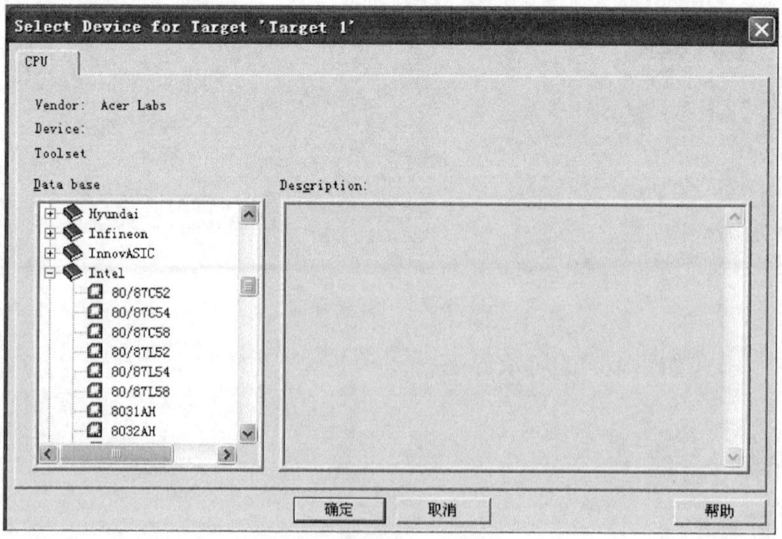

图 16-18　Data base 窗口

随后，从“Intel”的下拉子目录中选择 80C152JC 型，如图 16-19 所示。单击“确定”，选择“是”。新的工程新建完毕，下面将介绍如何在工程中新建子文件。

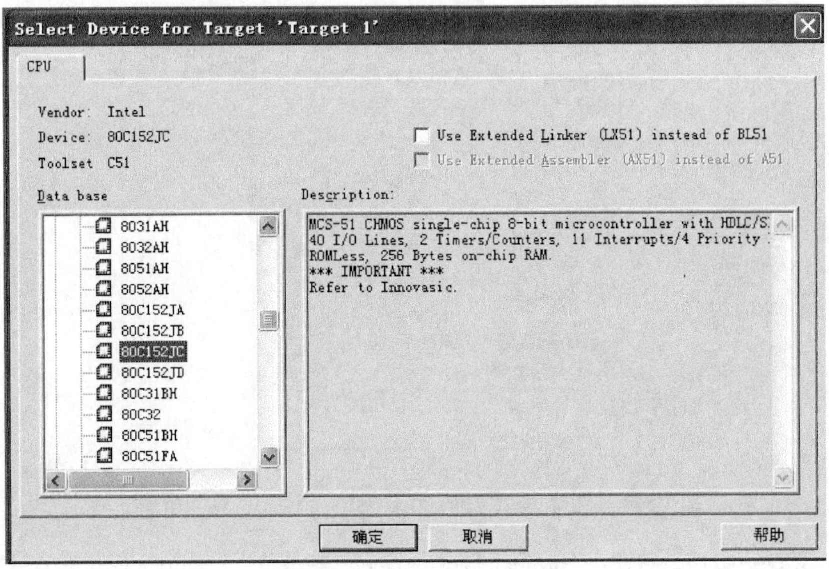

图 16-19　选择 80C152JC 型

（3）单击菜单中的“File”，选择“New”，新建一个文件。单击“保存”图标，将新建文件命名为“名字. c”，并保存在上一步所建的工程文件夹内，如图 16-20 所示。

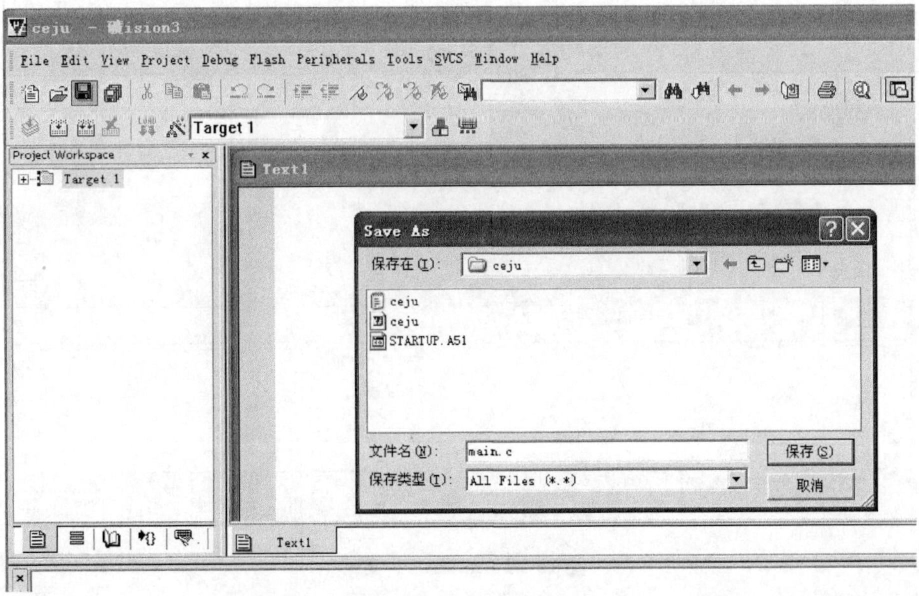

图 16-20　保存文件

（4）在“Target 1”下拉的“Source Group 1”图标上，单击右键，选择“Add Files to Group ‘Source Group 1’”，如图 16-21 所示。

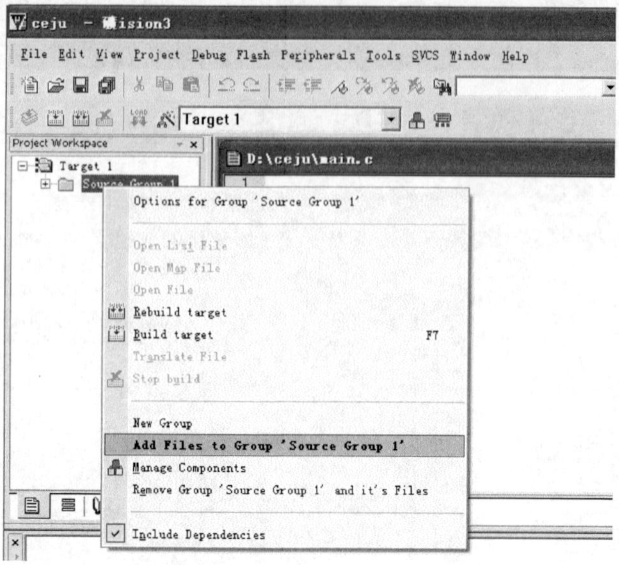

图 16-21 选择 Add Files to Group “Source Group 1”

（5）完成上一步后，单击“project Workspace”栏里的“Source Group 1”文件夹前面的“+”号，就会看到刚才添加的文件“main. c”，如图 16-22 所示。

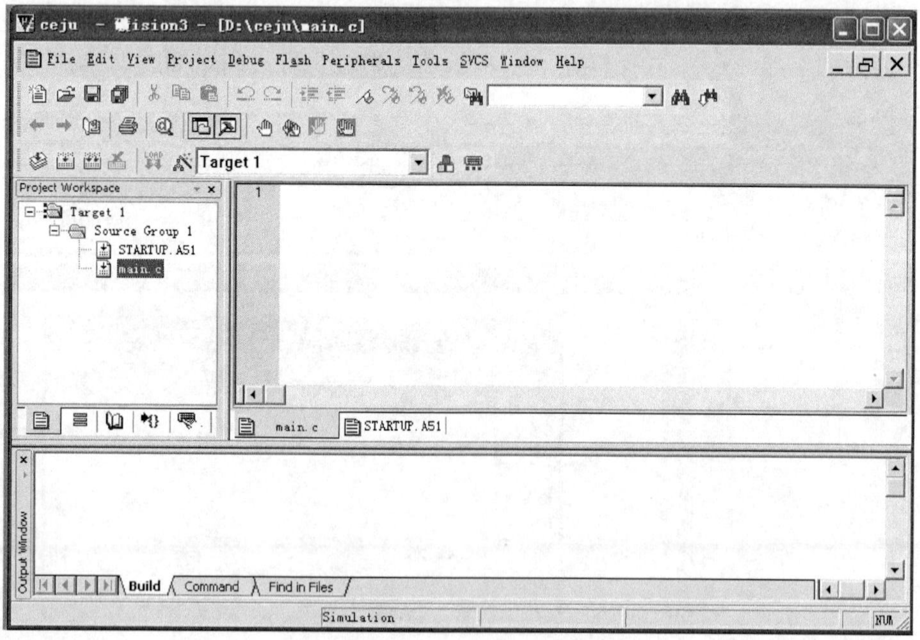

图 16-22 main. c 文件

鼠标左键双击“main. c”光标会跳到右边的空白处，在该处进行程序的编写，如图 16-23 所示。

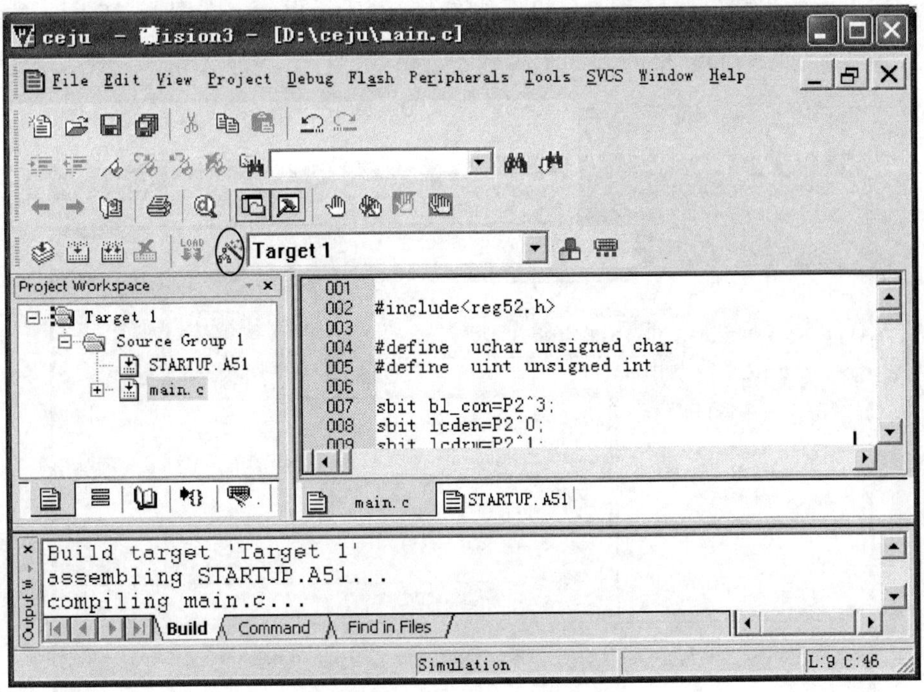

图 16-23　编写程序窗口

（6）程序编写完后单击图 16-23 中圈圈里的图标，会出现如图 16-24 所示的界面。用鼠标单击图 16-24 最上面的圈圈中的“OUTPUT”，然后单击第二个圈圈中的按钮用来选择目录，此目录为生成的“. hex”文件所在的目录。然后在“Creat HEX FI:”前面打上钩，如图 16-24 中的最下面第三个圈圈所示。选择完之后单击“确定”。

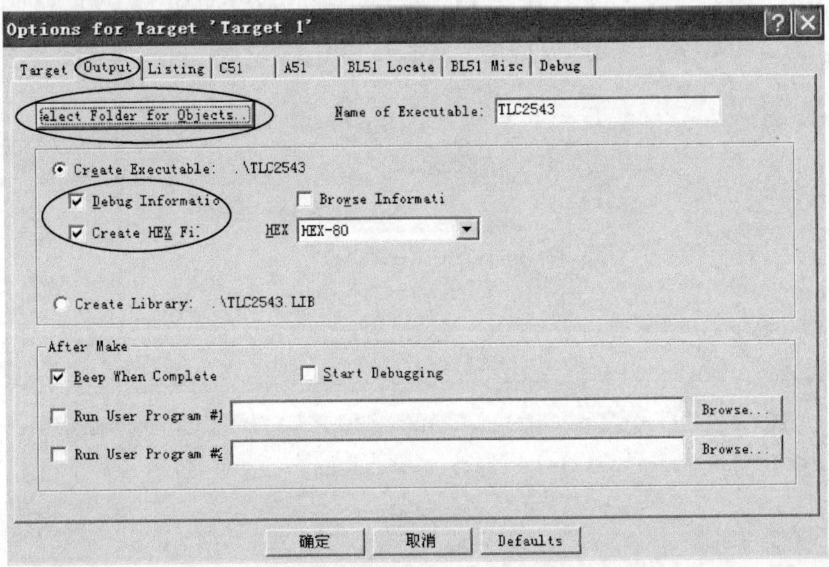

图 16-24　生成“. hex”文件

（7）按上面的步骤设置好后，会出现如图 16-25 所示界面，在图 16-25 所示的界面中，用鼠标左键单击左边的圈圈里的图标来对程序进行编译，若程序无错误，则编译后在图中最下面的一栏中会看到“main. c－0 Error（s），0－Warning（s）”的字样。

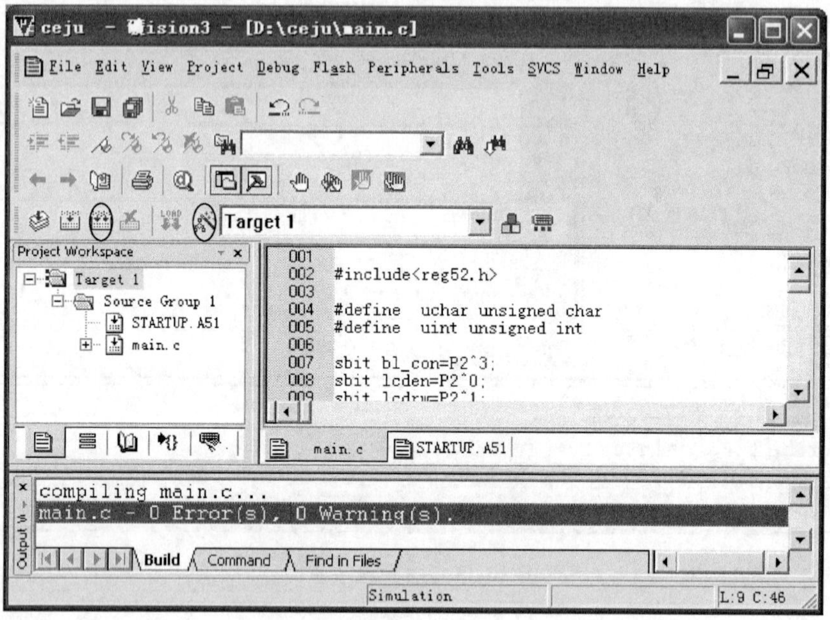

图 16-25　编译

（8）程序编译完后再点击图 16-25 中右边的圈圈里的图标来“Build target”。单击后会看到如图 16-26 中所示的界面，可以看到已经生成了“. hex”文件。

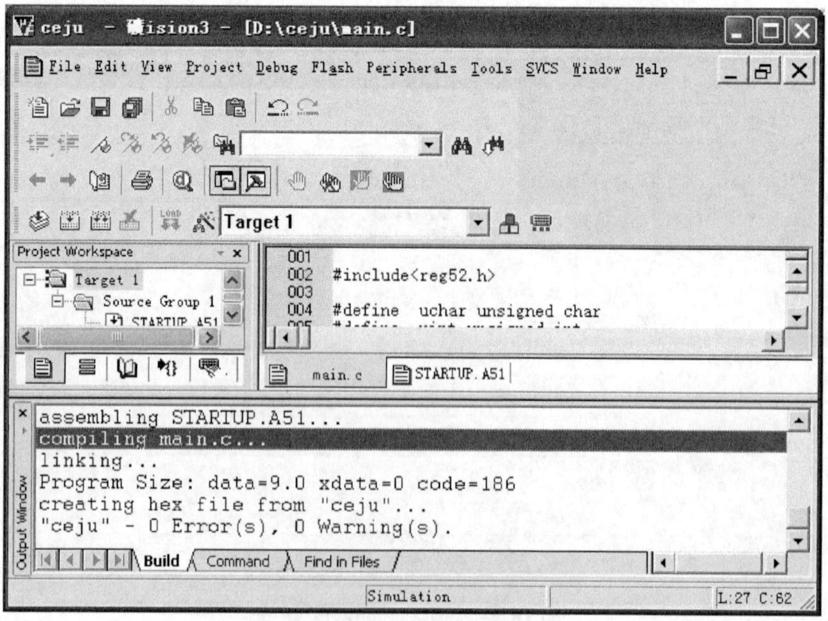

图 16-26　Build target

3）安装 STC_ISP_V486. exe 软件

（1）双击 STC－ISP－V4. 86 文件夹，看到如图 16-27 所示的图标软件。

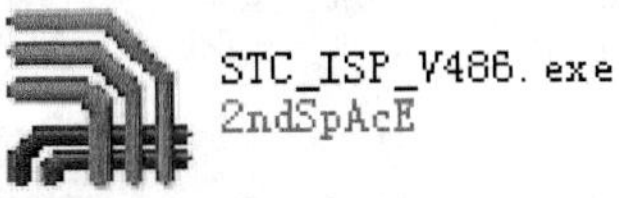

图 16-27　图标

单击“右键”，选择发送到“桌面快捷方式”，再回到桌面，单击刚刚生成的快捷方式，即可出现如图 16-28 所示界面。

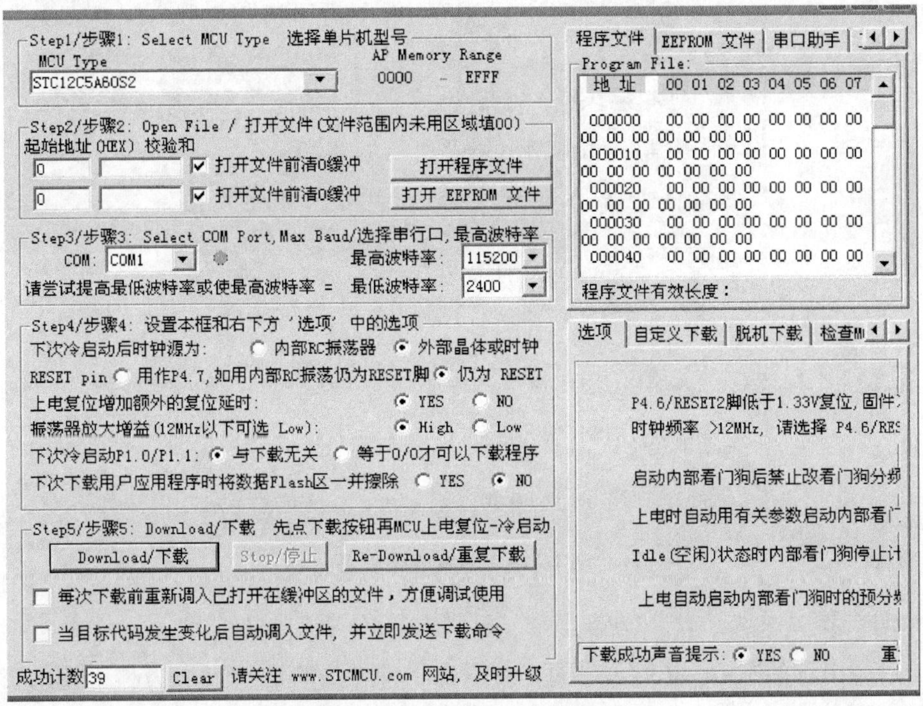

图 16-28　STC-ISP 打开界面

接下来根据每个实验的实验提示，即可进行实验。

4）使用 STC_ISP_V486. exe 软件下载程序的步骤

（1）用串口线将实验板与单机连接。

（2）打开“STC－ISP. exe”软件，在该软件界面的“Step1”方框里选择单片机的型号为“STC12C5A60S2”，在该软件界面的“Step2”方框里用鼠标左键单击“打开程序文件”，找到实验例程所在的文件夹，选择对应的“. hex”文件，然后单击“打开”。

（3）在该软件界面的“Step3”方框里下拉选择 com 为 com1，最高波特率选择为 115200，最低波特率选择为 2400。

（4）软件界面的“Step4”用该软件的默认设置，不需自己设置，完成以上几步后该软件的界面如图 16-29 所示。

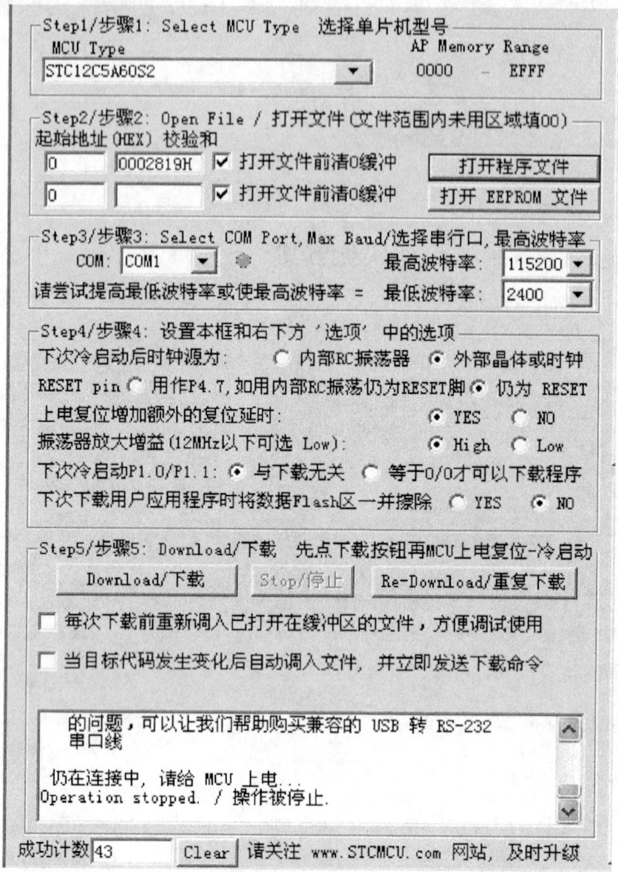

图 16-29　下载程序设置

（5）单击界面中“Step5”方框里的“Download/下载”按钮。

单击后会出现如图 16-30 所示界面，可以在软件界面的“Step5”方框下面的空白处看到“Chinese：正在尝试与 MCU/单片机 握手连接…”字样，此时给单片机上电，就开始下载程序，下载完后该空白处会出现“下载 OK，校验 OK”等字样，界面如图 16-31 所示，至此程序下载完毕。

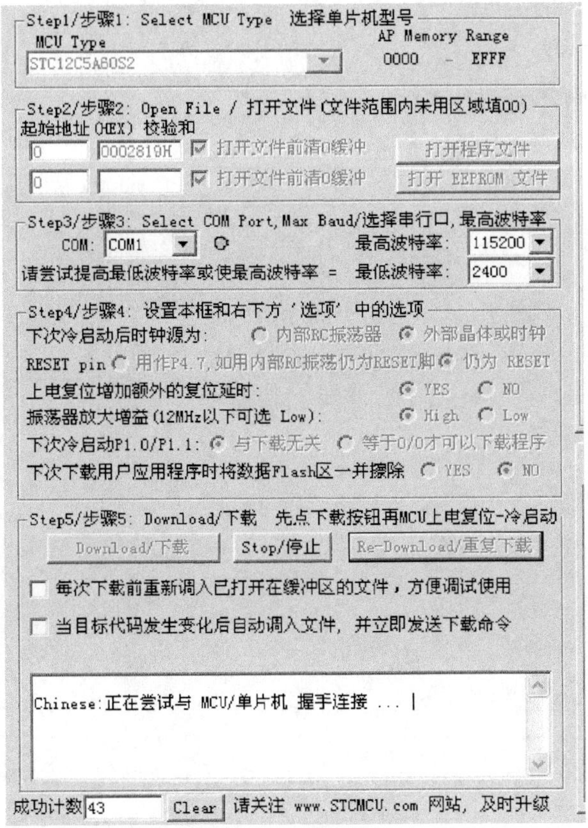

图 16-30　下载程序

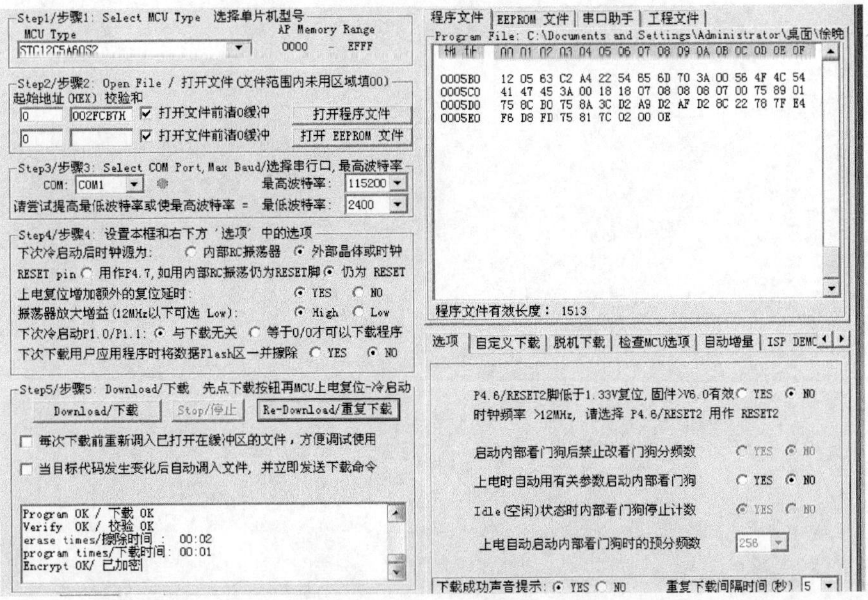

图 16-31　下载完成

【思考题】

（1）单片机的存储器类型有哪些？

（2）请叙述 LCD 初始化过程。

实验十七

二次开发设计

【实验目的】

（1）加深了解光敏电阻的工作原理及应用性。

（2）了解光敏三极管的工作原理、使用方法及用途。

（3）了解照度计的工作原理及设计方法。

（4）掌握红外热释电传感器应用电路的基本设计方法。

【实验内容】

（1）暗激发光控调光设计实验。

（2）透射式光控开关设计实验。

（3）光功率计实验。

（4）光照度计设计实验。

（5）热释电报警设计实验。

【实验仪器】

（1）实验平台（一台）；

（2）连接导线（若干）；

（3）电子器件模块一（一块）；

（4）电子器件模块二（一块）；

（5）电子器件模块三（一块）。

【实验注意事项】

（1）打开电源之前，将“电源调节”旋钮逆时针调至底端。

（2）实验操作中不要带电插拔导线，应该在熟悉原理后，按照电路图连接，检查无误后，方可打开电源进行实验。

（3）若照度计、电流表或电压表显示为“1_ ”，说明超出量程，应选择合适的量程再测量。

（4）严禁将任何电源对地短路。

【实验步骤】

1. 暗激发光控调光设计实验

工作原理：电路接通后，改变照射到光敏电阻上的光强，当光强发生变化时，光敏电阻的阻值跟着发生变化，导致 Q1 三极管的基极电压也随光强发生变化，致使后极的 Q2 三极管的基极电流也发生变化，从而使发光二极管的亮暗情况发生变化。

（1）利用二次开发实验模块自行搭建电路，电路如图 17-1 所示。

（2）参考电路原理图自行进行调试。

（3）参考图 17-1 进行二次开发实验，调节电路及光强变化，观察实验现象。

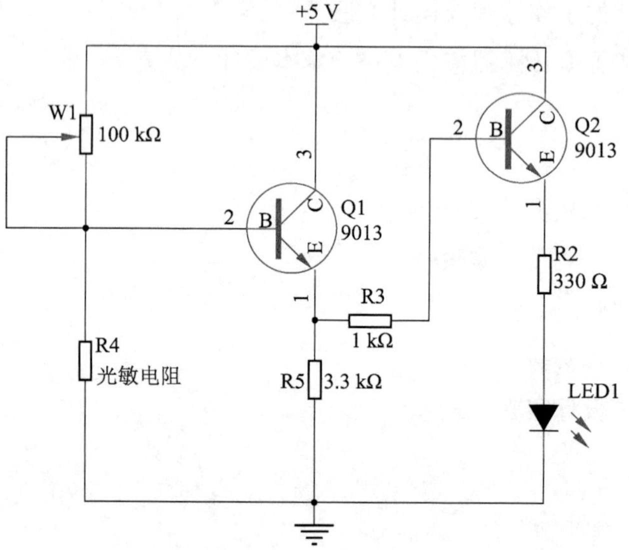

图 17-1　简单暗激发光控调光电路图

2. 透射式光控开关设计实验

工作原理：电路接通后，改变照射到光敏电阻上的光强，当光强发生变化时，光敏电阻的阻值跟着发生变化，导致 Q1 三极管的基极电压也随光强发生变化，致使后极的 Q2 三极管的基极电流也发生变化，从而使继电器的工作状态发生变化，最终起到开关控制的作用。

（1）利用二次开发实验模块自行搭建电路，电路如图 17-2 所示。

（2）参考电路原理图自行进行调试。

（3）观察实验现象是否和实验原理所描述的结果相一致。

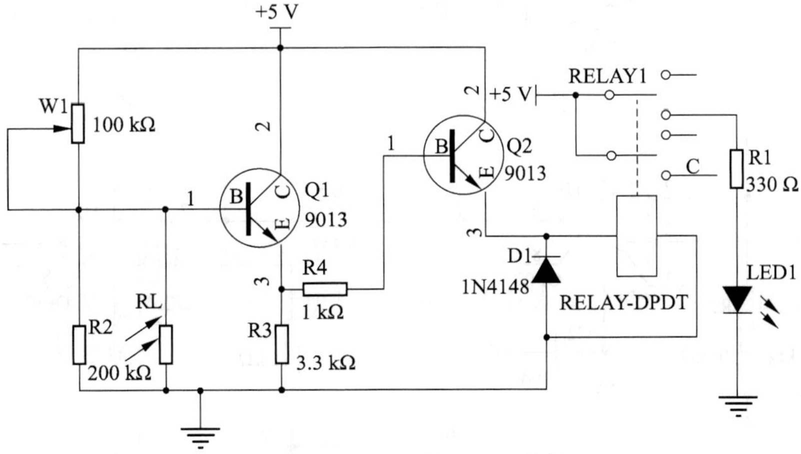

图 17-2　光敏电阻光控开关电路

在了解了光敏电阻光控开关原理后，思考如何利用现有的其他模块来完成此实验。

3. 光功率计设计实验

本实验使用光敏二极管作为探测器，第一级 OP07 作 I/V 变换用。第二级起反向的作用，输出信号直接供电压表使用。可以根据电压表的显示范围适当调节 W_2，R_1 起到一级电压放大倍数换挡调节的作用，可以根据实际情况更换电阻大小。

（1）自行搭建电路，电路如图 17-3 所示。

（2）参考电路原理图自行进行调试。

（3）参考图 17-3 进行二次开发实验，调节光强调节电路，观察相应的实验现象。

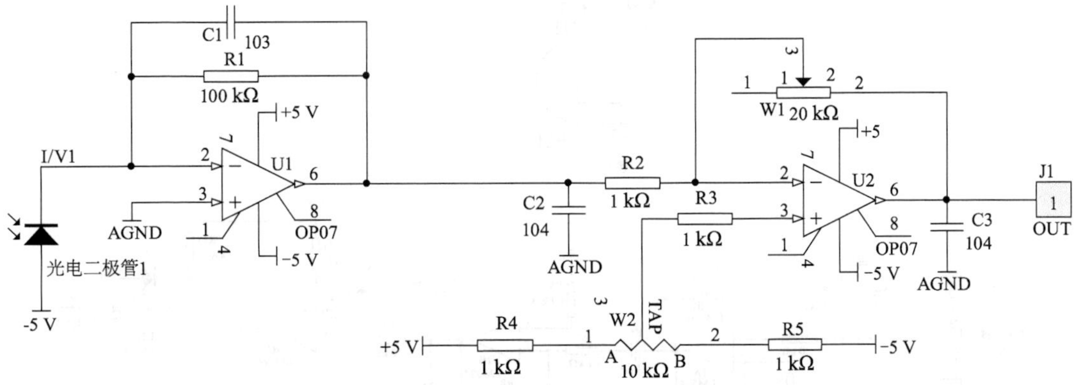

图 17-3　简易光功率计电路

4. 光照度计设计实验

（1）利用二次开发实验模块自行搭建电路，电路如图 17-4 所示。

（2）参考电路原理图自行进行调试。